重庆市教委科学技术研究项目：生产单元换线决策的神经网络专家系统研究（KJ1503006）
高等职业教育创新发展行动计划（2015—2018年）-工业工程技术虚拟仿真实训中心建设（XM-07_H45_X12609）

人-机交互仿真的生产单元换线决策专家系统设计与应用

陈 进 著

西南交通大学出版社
·成 都·

图书在版编目（CIP）数据

人-机交互仿真的生产单元换线决策专家系统设计与应用 / 陈进著. —成都：西南交通大学出版社，2018.10
ISBN 978-7-5643-6562-2

Ⅰ. ①人… Ⅱ. ①陈… Ⅲ. ①人－机系统－计算机仿真－系统设计 Ⅳ. ①TP11

中国版本图书馆 CIP 数据核字（2018）第 241107 号

人-机交互仿真的生产单元换线决策专家系统设计与应用
陈 进 著

责任编辑 姜锡伟
助理编辑 王小龙
封面设计 墨创文化

出版发行 西南交通大学出版社
（四川省成都市二环路北一段 111 号
西南交通大学创新大厦 21 楼）
发行部电话 028-87600564 028-87600533
邮政编码 610031
网 址 http://www.xnjdcbs.com
印 刷 成都蓉军广告印务有限责任公司
成品尺寸 170 mm × 230 mm
印 张 10.75
字 数 200 千
版 次 2018 年 10 月第 1 版
印 次 2018 年 10 月第 1 次
书 号 ISBN 978-7-5643-6562-2
定 价 68.00 元

前　言

随着经济全球化趋势的不断加强，产业结构调整步伐不断加快，制造企业面临的市场环境发生了巨大变化，客户对产品的个性化、对产品交货期的时效性、对产品生命周期的短暂性等要求越来越苛刻。有鉴于此，众多发达国家积极抢占技术发展的制高点，制造业成为各国自主创新的主战场：美国提出“制造业复兴计划”，调整传统制造业结构，提升制造业竞争力，发展高新技术产业；欧盟提出了“增强型工业革命”；日本提出了“制造业再兴计划”。2012 年 10 月，德国产业经济研究联盟及其“工业 4.0”工作小组提交了他们的最终报告草案《确保德国未来的工业基地地位 ——未来计划“工业 4.0”实施建议》。2014 年 11 月李克强总理访问德国期间，中德双方发表了《中德合作行动纲要：共塑创新》，宣布两国将开展“工业 4.0”合作。面对欧美等制造业强国“再工业化”加速发展与低端制造向东南亚等国家转移的双重压力，从制造大国向制造强国的转变成为当前我国经济发展的紧迫任务。同时，经济发展也需要培育新的增长点，注入新的发展动力，在富国强民“中国梦”的指引下，我国也适时提出了《中国制造 2025》战略规划。

2015 年 10 月 30 日，中华人民共和国工业和信息化部正式发布《〈中国制造 2025〉重点领域技术路线图（2015 年版）》，明确了新材料产业等 10 大领域以及 23 个重点发展方向。《中国制造 2025》围绕经济社会发展和国家安全重大需求，选择 10 大优势和战略产业作为突破点，力争到 2025 年达到国际领先地位或国际先进水平。为贯彻落实全国机械职业教育教学指导委员会（简称机械行指委）2016 年主任委员扩大会议精神，切实发挥行业的整体优势和职能作用，主动适应《中国制造 2025》战略和产业智能升级需求，深化产教融合与校企合作，提高智能制造技术领域专业人才培养质量，提升机械行业职业教育服务和支撑制造强国战略的能力，本书作者几经思考和总结，撰写了《人-机交互仿真的生产单元换线决策专家系统设计与应用》一书。本书不仅为生产单元智能换线决策提供了一种可行的方法，还为《中国制造 2025》重点方向中智能制造核心信息设备的关键共性技术（人工智能技术、制造信息互联互通标准与接口技术、增强现实技术）的研究提供了思路和借鉴。

生产单元由于可将生产过程组织为协调高效的物流，因此可显著缩短制造周期，节约生产面积，避免库存积压，提高设备利用率，在离散制造业、冶金、造船等多个行业有着广泛应用。而在实际生产中，由于经常性的临时插单、零部件种类繁多、产品结构复杂、工艺路线和设备配置非常灵活，生产单元换线频繁。同时，由于换线决策具有复杂性、动态随机性和多目标性等特点，采用以经验丰富的工程师人工决策为主的传统换线决策方式已无法满足日渐复杂的生产环境的要求，而换线决策的优劣直接影响着产品质量、生产周期和生产单元柔性等。如何客观和准确地反映生产换线决策的上述特点，合理进行生产单元换线决策，成为学术界和企业面临的重大课题。

目前，由于生产单元自身的自治性、演化性、复杂性，以及人在生产单元中工作方式、任务流程和行为表现的不确定性和动态性，单纯基于数学优化模型的换线决策分析存在如下问题：第一，生产单元日益显现出动态化、多目标化等特征，单纯的数学建模很难满足全局最优和高可行性的生产要求；第二，受产品需求的多样、临时插单、紧急跟单和产品交货期等因素的影响，对制造系统柔性的要求越来越高，生产单元出现复杂巨系统趋势，数学建模很难全面和准确地反映实际的生产情况；第三，部分影响人的决策的因素很难量化，单纯的数学建模方法无法体现这些因素的作用。针对传统换线决策研究的局限性和当前基于神经网络专家系统的不足（如知识收集手段的欠缺、生产换线专家系统规则抽取手段的缺失、应用模式的狭窄等），本书提出了人-机交互仿真的生产单元换线决策专家系统，并对其设计与应用进行阐述。

全书共分 7 章：

第 1 章为绪论。本章首先阐述了本书的研究背景，综合分析了当前国内外研究现状和在生产单元换线决策专家系统研究上的不足；其次阐述了本书的研究目的和意义，明确研究重点，最后简要介绍了本书的章节安排、技术内容、技术路线和创新点。

第 2 章为生产单元换线决策专家系统的总体技术方案。本章说明了生产单元换线决策专家系统的实现原理和技术路线，旨在构建交互仿真模型，然后运用交互仿真技术获取专家知识。本章利用混合神经网络并行计算的能力和网络训练构建推理机模拟专家思维进行决策，结合决策树和文本预置技术构建解释机制解释推理过程，最后采用微软组件技术对生产换线决策专家系统进行封装，以 Web 服务作为应用生产换线决策专家系统的技术。

第 3 章为人机交互仿真的生产单元专家知识获取。本章简要介绍了生产单元的特点，专家知识获取概述和方法，以及交互仿真用于对生产单元换线领域的知识获取。

第 4 章为生产单元换线决策专家系统推理机设计。针对目前的生产换线决策专家系统规则抽取的局限性，本章介绍了混合神经网络的原理、混合神经网络的类型和统推理策略，采用混合神经网络实现了生产单元换线专家系统的推理机设计。

第 5 章为生产单元换线决策专家系统解释机制实现。本章采用 ROC 曲线技术、IER-Trepan 算法、CART 算法等技术对专家换线推理机的解释机制进行了实现。

第 6 章以某摩托车企业生产单元换线决策专家系统为例进行应用研究。本章介绍了生产单元换线决策专家系统的应用模式，分析了基于网络化应用模式的生产换线专家系统具备的作用，并给出了一个基于 Web 服务技术的应用模式原型系统。本章以某摩托车企业发动机生产线为例，具体阐述了生产换线决策专家系统推理机的实现、解释机制的实现、程序封装以及网络化应用模式的完整实例。实例的结果证明建立生产换线决策专家系统具备较高的可操作性和可行性。

第 7 章为结论与展望。

本书的研究得到了重庆市教委科学技术研究项目（KJ1503006）高等职业教育创新发展行动计划（2015—2018 年）——工业工程技术虚拟仿真实训中心建设（XM-07_H45_X12609）研究项目资金的大力支持，没有这些研究项目的支持，是不可能有这些研究成果的，在此深表感谢。

由于时间和水平的限制，本书可能存在不少缺点、错误和欠考虑之处，希望广大读者、朋友和专家不吝赐教，给予批评指正。

作者于重庆电子工程职业学院

2018 年 6 月

目　录

1 绪 论

1.1 研究背景及意义

随着科学技术的日新月异，社会信息化和经济全球化趋势的不断加强，产业结构调整步伐不断加快，制造业逐渐从依靠密集的劳动力转变为依靠先进科技来提高生产率，形成了以先进制造技术为手段、先进制造模式为指导的现代制造业。近年来，制造企业面临的市场环境发生巨大变化，客户对产品的个性化、对产品交货期的时效性、对产品生命周期的短暂性等要求越来越苛刻，企业面临着越来越严峻的挑战。基于此，企业迫切需要以多品种、小批量为主的柔性制造模式快速响应市场，从而提高企业的市场竞争力。针对这一问题，近几年大量关于先进单元制造模式的研究（如自治生产单元、精益生产单元、大规模定制的原子式组织、可重组制造的工作胞单元等）涌现，这些单元制造模式在提高生产设备制造柔性的同时，通过高素质的生产人员和灵活的组织模式达到提高组织柔性的目的，进而提高生产系统的整体绩效[1-5]。

生产单元是组织规划零部件或产品的工艺流程的一类新型的制造系统。由于生产单元能把生产过程组织为协调高效的物流，因此能够避免库存积压、节约生产面积、压缩制造周期、提高设备利用率。生产单元的基本原理是在一定的生产面积上按照产品工艺流程的顺序和要求对加工设备进行布置，由一个高素质的制造团队负责完成从原材料准备、半成品加工到成品产出的一系列生产与管理的过程。生产单元的制造模式被提出后，在离散制造业、冶金、造船等多个行业得到了迅速推广，并在提升企业制造能力方面发挥了重要作用。经调查，在机械加工生产过程中，物料在机床上的时间（即准备时间与加工时间之和）仅占生产周期的 5%～10%，另外 90%左右的时间消耗在加工前后的等待、搬运、存储和设备故障检修等方面[6]；相对传统制造模式，生产单元可减少 67%～90%的物料传送距离，压缩 50%～90%的库存，并显著加快在制品的流动[7-9]。

对生产单元生产管理的研究大多集中在计划、调度方面，对生产单元换线的研究还鲜有公开。在实际生产中，由于受经常性的临时插单、零部件种类繁多、产品结构复杂、工艺路线和设备配置灵活等因素影响，生产单元换线频繁。换线决策的优劣直接影响产品质量、生产周期和生产单元柔性等生产过程中的重要因素。

对生产单元作业进行合理换线决策是提高设备利用率、避免库存积压和提高组织柔性的关键。有效的换线决策能够提高生产单元的生产设备的利用率和操作工人的工作效率，使得制造资金减少到最低限度，保证生产秩序正常进行。

对生产单元进行合理换线的重要意义主要体现在以下几个方面：

（1）减少库存，甚至达到零库存；

（2）减少报废和返修，甚至达到零缺陷；

（3）减少生产批量，适应顾客多品种的生产需求；

（4）平衡生产线，易于均衡作业运行；

（5）提高设备利用率和稼动率。

然而，生产单元在混流产品变化、生产批量变化和设备瓶颈变化方面存在柔性不足、反应较慢以及对生产异常情况的应付能力较差的问题，一直是制约其应用的主要难题[7-9]。由于生产单元自身的自治性、演化性、复杂性及人在生产单元中工作方式、任务流程和行为表现的不确定性和动态性，纯粹依赖于数学优化模型的换线决策研究分析存在以下问题：

（1）生产单元日益凸显出多目标化和动态化的特征，仅凭数学建模难以满足高可行性的生产要求和全局最优解；

（2）由于紧急跟单、临时插单、产品需求多样化和产品交货期紧急等因素的影响，对复杂生产制造系统柔性的要求也越来越高。同时，生产单元呈现出复杂巨系统组合爆炸趋势，因此一般的数学建模很难准确和全面地反映实际生产单元的情况；

（3）一般的数学建模方法无法体现出部分影响人的决策的因素

（这些因素很难被量化）的作用。

基于上述原因，结合实际生产过程中生产单元大部分的换线决策还是以人工决策为主的现状（主要是一部分操作人员经验丰富，他们不仅可以对常用的生产目标提出切合实际的换线策略，还能够凭借自己的经验在不同的计划期内，针对不同的生产目标提出动态的换线策略），国内外的相关学者针对这种现象进行了广泛的研究，利用专家知识进行换线的理论（Knowledge Based on Changeover，KBC）应运而生。KBC 系统主要以专家的知识和经验解决实际遇到的困难和问题，将该领域的知识和现场的各种约束表示在知识库中，然后结合实际情况从知识库中生成换线策略，并对意外状况采取相应的策略。

有鉴于此，基于交互仿真及混合神经网络的专家换线决策为解决生产制造系统中的制造资源和人力资源分配、作业计划安排、人机协作分工以及其他不确定的因素（如生产故障、缺料等）等一系列 NP 问题提供了一个可行方案。

因此，如何利用换线领域专家的知识和经验进行生产换线决策，进而提高生产效率，是目前亟需解决的问题。为实现这一研究目标，开展生产单元换线决策专家系统的研究具有重要的实用价值和理论意义。

（1）在获得生产单元决策信息的基础上，遴选最佳启发式规则；

（2）在进行换线决策时，结合定性和定量的知识分析综合考虑得出可靠方案；

（3）利用混合神经网络的数字特性，协助专家系统处理非线性和不确定性的复杂信息，提高推理效率；

（4）可动态地获得信息之间的复杂关系，采用混合神经网络大规模模拟并行处理，模拟人类专家的思维方式进行推理以处理复杂的关系，进而得到生产决策方案。

本书从生产单元换线领域专家知识的收集手段、神经网络规则抽取方法和网络化应用模式等技术出发，开展了基于交互仿真及混合神经网络的生产单元换线决策专家系统及其实现技术的研究。

1.2 国内外研究现状

1.2.1 生产换线相关研究

1950 年，日本现场改善专家新乡重夫（Shigeo Shingo）先生在对 Toyo Industries 的一次现场改进研究中，将现场生产准备操作分为内部换模（Internal Exchange of Die，IED）即操作只能在机器停止时进行的操作和外部换模（External Exchange of Die，OED）即操作可以在机器工作时进行两种类型。1957 年，新乡重夫应用此理念对三菱重工公司柴油发动机生产设备加工换模进行了改进，结果使得生产率提高了 40%。1969 年，新乡重夫提出了快速换线（Single Minutes of Exchange Dies，SMED）概念，包含区分内外（将换线作业分为内部作业和外部作业）、由内转外（将内部作业转为外部作业）和优化内外（缩短内部作业的时间和外部作业的时间）三大基本要点，降低了丰田汽车公司单机床的换线时间，提高了生产效率，成为换线作业研究及实践的基础[10-11]。

1976 年 6 月，丰田生产方式的创始人之一 —— 大野耐一（Taiichi Ohno）开始在生产中采用快速换线的方法。实践表明，这种方法可以使小批量生产的冲压件比大批量生产的成本还要低。应用 SMED 使得丰田公司在 1975 年到 1985 年期间，平均的加工准备时间减少为原来的 2.5%，相当于 40 倍的改善[12]。

此外，英国巴斯大学 Richard Mclntosh 教授通过设置两种换线机制扩展了新乡重夫先生提出的快速换线方法[13]。

印地安那大学 James D. Blocher 教授和普渡大学 Suresh Chand 教授在处理有限能力资源的多产品调度问题中，以总换线调度成本最小化为目标，采用前向分支搜索算法实现了总换线调度[14]。

里尔中央理工学校的 C. Gicquel 教授以库存持有成本和换线成本最小化为目标，解决了离散批量调度问题 DLSP[15]（Discrete Lot-sizing and Scheduling Problem）。

土耳其九月九大学的 Mehmet Cakmakci 教授研究了快速换线方法和设备设计之间的关系，结果表明，快速换线方法不仅适用于制造的持续改进还适用于产品的研发设计[16]。

施纪红阐述了导致生产换线时间过长的原因，提出了换线频繁对生产效率的影响问题，并将换线简单定义为前一机种和后一机种的转换，将换线时间描述为前一机种最后一个（台）产品流出到后一机种首个（台）产品流出之间的时间间隔，同时将换线时间分为外部时间和内部时间两部分，其中内部时间是指停机过程中仍应该继续的作业时间（如取放工具），而外部时间是指机器仍在运转过程中或是刚刚重启之后可以进行的作业时间（如第一次检测）[17]。

夏欣跃将快速换线的原理划分为区分内部和外部换线、内部换线外部化、缩短内部换线时间和改进外部换线时间、缩短总时间四个阶段，并将其运用于生产线转换过程中以缩短换线时间[18]。

施纪红根据 SMED 思想，详细描述了如何通过了解产品的特性、了解新旧产品的差异、提前作业和线外作业来压缩整个的 SMT 换线时间的详细实施步骤，并介绍取得的经验[19]。

贾庆东等介绍了高速铁路列控系统仿真平台的整体结构，探讨进行多线路仿真自动换线的必要性，针对 CTC 子系统多线路仿真和自动换线技术进行深入研究，提出采用代理的思想实现 CTC 子系统在仿真平台中自动换线的方法[20]。

杨燚等应用快速换线的原理对某企业的生产过程进行分析，通过内部换线和外部换线分离、缩短内部换线时间、缩短外部时间等步骤，使换线时间由原来的 20 分钟减少为 5 分钟，企业日产能提升 20%[21]。

王炳刚等为实现混流装配线的部件消耗平顺化和加工线总的切换时间最小化的目标，提出了一种多目标遗传算法来解决由一条混流装配线和一条柔性部件加工线组成的拉式生产系统的优化排序问题[22]。

孙延丽针对某公司由于产品品种繁多、每次生产前都需要对 SMT 阶段各个生产设备的工艺数据进行修改导致的换线时间长的问题，利用 5W1H 分析法，结合成组技术，提出产品式装配线布置和 TOC 约束理论，对生产线持续改善[23]。

上述这些关于生产换线的研究主要侧重于缩短换线时间、提高换线技能以达到换线成本最小的目的。而在生产单元实际加工过程中，往往需要结合订单情况，根据生产现场的实际生产状态和设备运行情况形成是否换线、换线快慢的决策。神经网络专家系统具有并行推理能力，能够模仿人类专家的思维方式进行推理决策，因此可以借助于智能专家系统生成换线决策。

1.2.2 基于神经网络的专家系统的相关研究

人工神经网络（Artificial Neural Networks，ANNs），也称神经网络（NNs）或连接模型（Connection Model），指研究者从工程的角度，应用适当的算法将任务作为一种数学问题构造合适的神经网络。人工神经网络在工程应用研究方面已取得较大成功，是人工智能学科研究的一个极其重要的领域。专家系统（Expert System，ES）是以知识库为核心进行问题求解的计算机程序，即基于知识的智能系统。一般而言，专家系统由知识库、数据库、推理机、解释机制和人机接口界面五个部分组成（可以简单归结为运用知识，进行推理），在某一特定领域具有人类专家水平的解题能力[24]。将神经网络专家系统应用于生产单元换线领域，可以得到科学的决策依据，达到事半功倍的效果。

与神经网络专家系统相关研究成果非常丰富：

JÓzefowska 等提出了一种短期生产计划的决策支持系统，该系统由优化模块、专家系统模块和界面显示模块三部分构成，其中专家系统模块和优化模块负责降低优化生产计划模块的搜索维数[25]。

Soyuer 等结合特定的企业生产实际情况，运用消除准则提出了一个基于生产知识的专家系统，实现了决策专家系统[26]。

Ozbayrak 等提出在柔性制造系统中使用一个三层结构的专家系

统（包括生产计划决策支持系统、机床管理决策支持系统和机床故障诊断决策系统）[27]。

Looney 发现神经网络可以插值和外推一组离散相关的输入和输出向量使输出的决策空间是连续的，并应用神经网络实现了专家系统的高层决策功能[28]。

Yehetal 建立了一个用于调试有限元程序输入数据的神经网络专家系统[29]。

Davut Hanbay 等提出了一种基于小波分解和神经网络的专家系统用于混沌研究的蔡氏电路建模与仿真，测试结果表明，基于小波分解和神经网络的专家系统可以有效地用于非线性动力系统建模[30]。

Kozo Osakada 利用神经网络的识别能力，采用三层神经网络和反向传播算法来训练网络，建立了一个基于神经网络的专家系统用于冷铸加工工艺计划编制[31]。

Youngohc Yoon 等根据专家系统和神经网络的优势和不足开发了基于神经网络的专家系统，从而协助管理人员在预测股票价格的同时为提高管理决策提供支持[32]。

在国内，同样出现了众多与神经网络专家系统相关的研究成果：

陈红伟等介绍了神经网络专家系统的基本概念及其特点，并对神经网络专家系统的知识学习和推理过程进行研究，采用面向对象的可视化语言（Visual C++ 6.0）编制了可视化的神经网络专家系统[33]。

郭震说明了基于神经网络专家系统设计思想的系统结构的优缺点，提出了神经网络输入节点和隐层节点及其个数确定在神经网络专家系统集成技术开发的方向[34]。

徐志强等将 BP（Back Propagation）神经网络以神经子网的形式嵌入到产生式规则中,提出了一种基于神经网络的专家系统构造方法，经仿真验证该方法具有良好的知识获取能力，并实现了根据用户要求直接生成基于产生式规则的专家系统[35]。

李军等研究了一种表达知识的二元产生式规则及编码方法，通过编码将知识储存在人工神经网络的知识库中，同时设计了具有正向推理的推理机，并应用神经网络并行运算能力实现了并行推理[36]。

许占文等提出一种由正向神经网络推理和反向逻辑推理组成的混合推理系统，利用神经网络所具有的并行性、自性和知识可储存性来解决推理冲突，并设计试验验证了该系统具备良好的收敛效果和推理效率[37]。

丁宁等将由神经网络专家系统、优化适应控制系统、逻辑智能决策与直觉决策相结合的控制系统应用于一种外圆纵向磨削加工质量优化中，提高了磨削质量与效率，对先进制造技术的发展起到了积极作用[38]。

王雪青介绍了人工神经网络与专家系统相结合的报价决策研究模型，指出神经网络是基于案例的，类似于案例推理方法。神经网络虽然有自适应和学习功能，可它是“黑箱”建模，模型的解释能力差；案例推理系统则是从过去的案例中推出结论，进而给出建议，整个推理过程更有说服力。王雪青根据两种方法各自具有的优缺点，提出了将其结合起来应用于投标决策的方法[39]。

齐永欣结合专家系统只能处理显性的表面的知识、推理能力弱、智能水平低、知识获取难等缺点，引入了人工神经网络技术来克服传统专家系统的不足,采用神经网络完成大部分的知识获取及推理功能，并将网络输出结果转换成专家系统推理机能接受的形式，由专家系统的推理机得到最后结果[40]。

王兵等对推理流程设计原则、控制策略、推理机的运行过程等进行了介绍，将面向对象方法和问题求解的黑板模型思想有机地结合在一起，将知识库分层模块化，极大提高了推理效率[41]。

魏传锋等提出了基于事例推理和基于规则推理的混合推理机制，给出了具体的流程图，并就两种推理给出了相应的冲突消解策略，然后采用面向对象的编程语言（Visual Basic 6.0）构建了一个航天器热故障诊断专家系统推理机[42]。

张绍兵等详细阐述了神经网络专家系统的基本原理和框架结构，选取三层 BP 神经网络模型，给出了钻井故障诊断系统的神经网络专家系统的实现[43]。

冯玉强等利用神经网络优良的自组织、自学习和自适应能力来解决专家系统知识获取的困难，同时采用专家系统良好的解释机能来弥补神经网络中知识表达的缺陷，并对系统的功能、结构流程、知识获取、规则抽取、推理过程等关键技术性问题的解决方法进行了论述[44]。

胡月明等提出了一种输入属性值适应这三种类型数据的模糊神经网络建立方法，进而给出了一种从建立的神经网络中抽取其中较主要模糊规则的算法[45]。

齐新战等提出了神经网络抽取规则评估方法。评估的标准有四个，即覆盖性、准确性、矛盾性和冗余性。由于规则的矛盾性和冗余性是规则之间的问题，因此仅仅研究了规则的覆盖性和准确性，提出了覆盖性判断定理和覆盖性、准确性判断算法[46]。

陈秀琼等提出了一种新的将粗集理论和神经网络融合的分类方法。在该方法中，粗集理论是挖掘分类知识的主体，神经网络只作为一种辅助工具用来对决策表进行属性约简，并通过删除网络不能分类的数据来对决策表中的噪声进行过滤。该方法在保留神经网络高鲁棒性的同时，克服了从神经网络中抽取规则的困难[47]。

张仲明等提出了一种新的规则抽取算法，该算法可明显降低规则抽取的时间复杂度，减少生成的规则的数量[48]。

荣莉莉等利用从样本数据中获得的知识（模糊规则）来确定网络的大小（即中间层的结点数目），以及网络的参数（即网络的权重和结点的阈值），为直接从神经网络中提取知识提供了依据[49]。

王文剑讨论了从预测模型中进行规则抽取的一种技术，并介绍了用神经网络方法抽取规则的算法[50]。

王晓晔等提出了一种高效的分类规则挖掘算法。该算法结合神经网络的容错性能和决策树的规则生成能力，利用神经网络从样本集中删除不相关和弱相关的特征属性，同时删除训练样本集中的噪声数据，然后采用决策树从处理过的训练样本集中抽取规则。由于去除了噪声数据，因此使得所挖掘的规则精确度大大提高，同时减少了规则的数目[51]。

李仁璞等提出了一种基于粗集理论和神经网络的数据挖掘新方法。该方法充分融合了粗集理论强大的属性约简能力、规则生成能力和神经网络优良的分类、容错能力[52]。

王涛等针对分子标记特征带识别这一实际问题，在准确率损失尽量小的情况下剪枝训练好的神经网络，并利用同符号规则提取算法抽取规则，避免了繁琐的规则抽取过程[53]。

任永昌等给出了存储解释信息的关系数据库表结构，介绍了解释机制的方法，设计了系统静态信息、推理轨迹跟踪等解释机制[54]。

李锋刚等采用面向对象的方法表达实例和知识，并将神经网络用于实例推理中，对基于神经网络的实例相似性判定算法、知识表示模型和知识推理控制策略作了讨论[55]。

曾志高等提出了基于神经网络的数据库安全专家系统的设计与实现，并探讨了基于数据库的知识库构建、推理机设计以及数据挖掘技术的应用[56]。

上述专家系统都利用了专家领域知识结合专家经验的方式进行应用决策，专家系统决策的有效性取决于知识获取的优劣。因此，可以采取人机交互仿真的方式获取更为全面有效的专家知识。

1.2.3 交互仿真的相关研究

伴随着仿真技术的日益成熟，业内学者纷纷采用交互仿真技术通过专家与仿真系统进行交互仿真来获取专家知识，使用计算机仿真技术进行模拟决策环境获取专家知识成为近年来盛行的方法。

Laughery 等对决策过程中的工作环境、负荷以及系统的人因设计方案采用离散事件仿真技术进行了相关研究[57]。

Baines 等采用离散事件生产过程仿真技术，通过试验观测研究了工作者决策对工作时间的影响，并将试验数据存储在数据库中[58]。

D.J. van der Zee 等提出了在制造系统环境下包含控制行为的制造仿真模型建模方法、决策建模方法以及决策模型的体系结构[59]。

上述研究成果主要采用显式的决策方式描述人的决策过程。而实际生产系统由于存在需要考虑环境因素的复杂性和利用经验进行决策的特点，多数决策行为是隐性知识，难以用显性知识进行表达。

此外，Noemi M. Paz 等建立了制造系统维护管理仿真模型，然后对专家输入的决策采取部分析因实验，遴选出最优控制变量。此研究成果为专家知识获取的方式提供了研究思路，即采用交互仿真技术，动态地对生产现场进行仿真，针对换线专家做出的决策进行评估，保存最优的评估结果，形成换线知识[60]。

S. Robinsons 等针对制造系统中专家决策知识的收集方法进行了广泛的研究，并提出了一种可视化的交互仿真技术（Visual Interactive Simulation，VIS）[61-65]。

Paul Kirkpatrick 等探索了使用可视化交互式仿真技术从决策者处获取知识的方法，其做法为工厂的管理人员搜集一些需要决策者决策的相关数据用来训练人工智能模型，并使用模型来替代人作出决策，通过长期的训练为决策者找到了改进决策的方法[66-67]。

在国内，任光等用博弈理论框架模拟交互学习过程，用人工神经网络完成学习功能，同时建立交互学习神经网络模型，并利用建立的交互学习神经网络模型进行系统仿真研究。仿真结果表明，该模型不仅能很好的模拟人类交互与竞争学习过程，还能对博弈过程的均衡状态做出有效预测[68]。

周洪玉等介绍了临境环境的组成和人机交互技术，提出了可视化专家系统的结构，叙述了可视化的概念及图符系统，以及可视化推理过程链的形成临境环境下的专家系统推理可视化增加了用户对推理机结论的可信度，而人机交互技术又使人参与到推理过程，可及时发现推理过程中的新结果或新问题[69]。

王君等提出了一个以组件技术构建专家系统的方案，该方案将组件库和构架库作为构建专家系统的基础，采用专家系统的推理机方法实现对结果的分析，同时给出了用组件技术构建专家系统的框架，使专家系统的构建变得方便快捷和更切合需要[70]。

李建涛等提出了一种基于灰色关联分析的专家系统知识获取方法，从知识库的角度考虑知识获取，是一种有效的知识获取方法[71]。

杨志凌等介绍了多学科仿真工具集成技术，解决了当前复杂电力设备各学科领域的仿真研究各自为政的问题[72]。

黄杰等将综合仿真平台的功能归纳为信息获取、知识提取及决策支持三个要素，并从这三个方面阐述了电力市场综合仿真平台的应用目的和功能需求，同时分析其相关技术和研究现状[73]。

张美玉等提出了一个融合专家知识和历史数据的综合知识建模框架，通过聚类分析、规则提取、近似推理、规则调整等过程形成了一个数据分析引擎。该引擎协助专家建立并优化知识模型，为专家提供一个将个人知识和数据抽取规则相融合的综合建模方法[74]。

邹光明等采用基于粗糙集的知识发现方法和模糊 C 聚类算法从数据库中抽取规则，降低了专家系统知识库的复杂度[75]。

陶贵明等为解决故障诊断专家系统的故障知识获取的瓶颈问题，通过仿真获得了导弹发射车的电控系统电路的故障参数，进而获取了功能与故障之间的对应关系，建立了故障诊断专家系统知识库[76-78]。

黄考利等提出了一种基于仿真技术的故障知识获取方式，仿真数据经过分析、变换后转化为知识，从而实现知识获取[79]。

付燕等详细介绍了知识获取的过程，并以采集到的实时数据进行仿真实验。结果证明实验提高了瓦斯预测专家系统知识获取的效率[80]。

宣建强等针对运载火箭故障诊断专家系统的知识获取难度大的问题，提出了一种基于测试事件图的知识获取方法。经过仿真测试，这种基于测试事件图的知识获取方法可以有效地简化知识获取的难度[81]。

周宽久等提出了用计算机仿真模型来仿真隐性知识的获取过程[82]。

王丽伟等开发了基于半自动化知识获取的操作票专家系统，实现了图形在线自动开票、手工开票、调典型票等多种开票方式，具有操作票管理、编辑及模拟等仿真操作功能[83]。

郭庆琳等针对当前专家系统知识获取的瓶颈，提出了基于神经网络与遗传算法的汽轮机组数据挖掘方法，开发了基于神经网络与遗传算法的汽轮机组数据挖掘和故障诊断仿真系统[84]。

张伟等通过实时的人机交互仿真实现了工作者与虚拟对象的自然交互。通过仿真对工作设计进行评价，评价内容包括工作空间可及性，以及工作任务可完成性、完成绩效和满意度等[85]。

何祖威等重点介绍了知识的表达方式和知识库、仿真实验平台和学员模型的构成方法，它的实现促进了仿真培训功能的进一步发展为实现远程仿真培训奠定基础[86]。

黄建新等探讨了采用计算机线程支持面向进程例程的进程交互仿真方法和进程例程的状态转移，设计和实现了一个基于线程的进程交互仿真框架。该框架包含进程、资源管理、仿真调度和数据统计等对象。该框架采用线程池的方法支持实现进程例程的挂起和继续执行操作[87]。

马富银、张仁忠、赵晨光等分别就分层式交互仿真的相关技术和分层式交互仿真的高层体系结构进行了探讨，采用标准的协议和接口标准以便于实现不同仿真系统之间的互操作和重用[88-90]。

自 2007 年开始，北京科技大学的张晓冬教授与德国亚琛工业大学合作，对生产单元的人机集成建模及仿真问题进行研究，建立了制造系统人因仿真的参考模型，同时实现了任务柔性、人因失误、任职水平等指标的定量评价[91-93]。

上述研究虽然没有明确针对生产单元的交互仿真建模进行专家知识获取，但在研究交互仿真技术和利用交互仿真技术进行知识获取对专家系统的知识库构建方面进行了积极的探索，取得了许多具有学术价值的研究成果。

1.2.4 国内外相关研究总结

从本章列举的国内外相关研究可以看出，尽管国内外文献研究取得了一定的研究成果，为生产单元换线决策研究奠定了基础，但还存在一些局限。

第一，针对换线决策的研究仅侧重于生产单元换线决策的某一方面。首先，生产换线的研究主要是从快速换线的切换过程步骤出发，利用换线技术来解决生产中的问题。其次，将换线技术和精益生产的思想相结合运用于生产现场，但现场中存在诸多不确定的因素，采用快速换线技术难以及时采取合理的应对策略。如果仅从换线技术的角度去训练操作工人，使得工人在换线技能上达到熟练操作的程度，而未从整个生产系统任务状态（如当前加工零部件的加工进度、设备状态前后道加工工序状态等）全局考虑，也没有一个参照的决策命令，只是盲目的快速换线，可能会导致某些零部件短缺（而仓库里却有一大堆用不上或不急需的零部件），从而使得生产效率降低。最后，换线决策没有系统地从生产单元的环境复杂性、动态性和多目标性综合考虑。因此，系统地考虑生产单元换线决策并构建换线决策专家系统的研究几乎未见报道。

第二，换线决策专家系统是利用换线领域专家知识和经验进行换线决策的神经网络专家系统，决策的有效性取决于专家知识获取的优劣程度。因此，如何获取专家知识，成为专家系统亟需解决的问题。国内外专家在结合神经网络和专家系统的优势的基础上，对基于神经网络的专家系统做了积极的探索和研究，取得了一定的成果。但是，大多数专家系统很少给出一般情况下的规则获取方法和理论，其多数是在特定环境下利用专家决策规则进行设计的。此外，为了获取一定规则，专家会不可避免地对影响生产的相关因素进行简化，以减少算法模型搜索空间。与此同时，大部分专家系统没有在应用模式上进行知识扩展和系统升级，使得应用模式范围狭窄。因此，采用的算法模型和设计的原型系统会具有一定的局限性。

第三，这些交互仿真相关研究在利用交互仿真进行知识获取方面做了积极的尝试,但构建的交互仿真模型展示给决策者的信息量不多，而且在专家决策与仿真交互的具体实现技术方面研究不足。

随着制造模式发生巨大变化，集成化、柔性化制造技术逐渐趋向智能制造模式，将生产换线决策专家系统与智能制造技术结合以构建智能换线决策系统的研究逐渐兴起。但是，目前大多数生产换线决策专家系统仅适用于特定的生产环境，而且系统软件实现技术还不能适应制造系统的分布性和集成性的特点，导致应用方式单一、扩展性低。

综上所述，当前国内外利用专家系统进行生产换线决策的相关研究的主要局限包括专家知识抽取比较缺乏有效的手段、神经网络规则抽取的算法不够稳定和专家系统应用模式范围狭窄。

针对这些研究的局限，本书基于交互仿真技术、判定稳定算法和专家知识规则遴选算法来实现对专家知识抽取，采用一种融合分类技术来解决专家系统推理能力不足和推理缓慢的问题，提出了 IER-Trepan 算法和预置文本技术来完善专家系统体系，利用组件技术和 Web 服务技术来扩展专家系统的应用模式范围，从而实现一种可以支持在复杂生产环境下辅助操作人员解决随机动态、多目标的生产换线决策。

1.3 本书的研究目的、研究内容和技术路线

1.3.1 本书研究目的

（1）针对生产单元的实际情况，提出基于交互仿真及混合神经网络的换线决策专家系统的理论框架和实现方案。

（2）利用仿真模型模拟生产单元的生产过程，实现对换线领域专家换线决策知识的获取。

（3）运用换线领域转机决策规则的获取方案，进一步完善专家系统体系结构。

（4）通过某摩托车发动机生产单元的应用实践验证基于交互仿真及混合神经网络的生产单元换线决策专家系统的可操作性和可行性。

1.3.2 本书研究内容

（1）研究专家系统的常用结构，基于神经网络专家系统的实现原理和结构，利用交互仿真实现技术、混合神经网络、生产单元换线决策推理机实现技术和解释机制实现技术，建立生产单元换线决策专家系统的技术框架。

（2）研究生产单元换线领域知识获取手段（交互仿真）的技术路线，然后以某摩托车发动机生产单元的实际生产情况为背景，建立交互仿真模型。

（3）研究生产单元换线决策专家系统神经网络规则抽取方法、生产单元换线专家决策系统推理机实现技术、生产单元换线专家决策系统解释机制实现技术，以及生产单元换线专家决策系统组件化封装技术。

（4）针对仿真运行稳定性的判定问题、混合神经网络收敛速度问题和神经网络多模式分类的精度问题，分别进行相应的算法研究。

（5）研究基于 Web 服务技术的生产换线决策专家系统的网络化应用模式，以实现网络化应用模式技术，最后以某摩托车发动机生产单元的实际换线决策为应用背景，对所提出的实现原理以及技术的可行性和可操作性进行验证，并验证了应用模式的实用性。

围绕以上研究内容，本书的内容结构安排如图 1.1 所示。

1.3.3 本书研究技术路线

（1）首先建立交互仿真模型，然后在交互仿真模型中提出生产状态的判稳算法和专家规则的遴选算法，最后将遴选出的最优决策方案储存到知识库中。

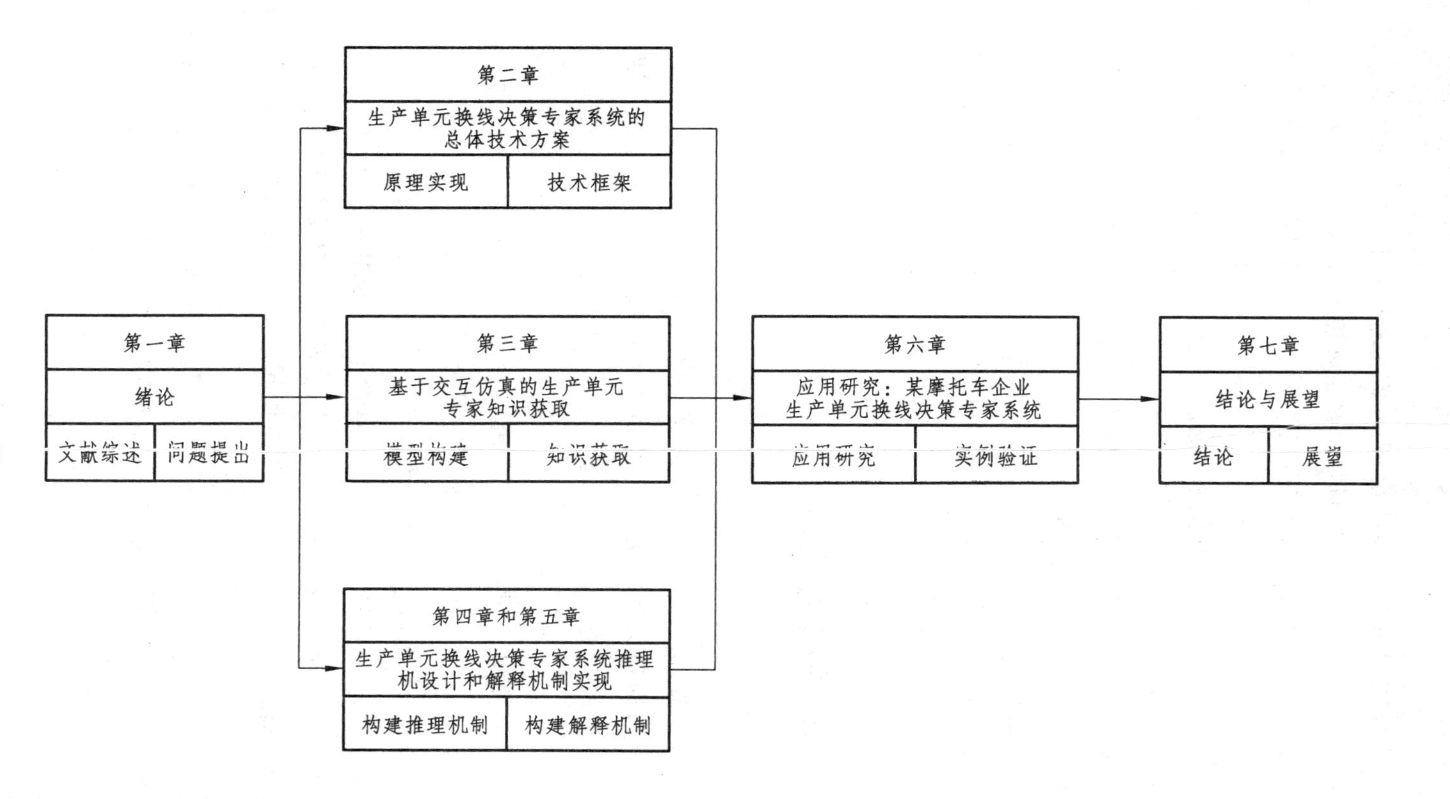
第一章
绪论
文献综述
问题提出
第二章
生产单元换线决策专家系统的总体技术方案
原理实现
技术框架
第三章
基于交互仿真的生产单元专家知识获取
模型构建
知识获取
第四章和第五章
生产单元换线决策专家系统推理机设计和解释机制实现
构建推理机制
构建解释机制
第六章
应用研究：某摩托车企业生产单元换线决策专家系统
应用研究
实例验证
第七章
结论与展望
结论
展望

图 1.1　本书内容结构

（2）结合推理策略和换线决策专家系统推理机的实现技术，融合Fisher 分类器和混合神经网络回归算法，对控制策略矢量中多模式离散变量进行分类（对于两模式的控制策略变量利用分类神经网络进行分类）。

（3）运用神经网络规则抽取算法实现生产单元换线决策专家系统的解释机制。

（4）提出双层级专家系统的软件实现封装技术方案，实现基于Web 服务技术的网络化模式应用。

（5）以某摩托车发动机生产单元为例，验证生产单元换线决策专家系统。结果表明，上述方法体系是具备可操作性和可行性的。

1.4 本书的创新点

（1）本书提出了基于交互仿真及混合神经网络的生产单元换线决策专家系统的实现原理、关键技术和技术路线，同时考虑到后期换线领域专家知识的扩充，提出了基于 Web 服务的系统应用模式和工作过程。

（2）本书提出了制造系统仿真模型和交互仿真模型的构建过程，提出了交互仿真稳定判定算法和专家决策遴选算法。

（3）本书提出了生产单元换线决策专家系统的实现技术：①应用主成分分析对生产状态矢量进行降维；②运用融合 Fisher 分类器和回归神经网络的计算技术处理生产控制策略中变量的多模式性；③提出一种基于 IER-Trepan 算法和预置文本技术构成的解释机规则。

（4）本书以某摩托车发动机生产单元生产换线决策为研究背景，对所提出的实现原理和技术进行了可操作性和可行性的验证。

1.5 本章小结

本章分析了当前国内外利用专家系统进行生产换线决策的相关研究现状，针对复杂生产环境下生产换线决策的特点和国内外研究的局限，提出了基于交互仿真和神经网络的生产单元换线决策专家系统研究的必要性，并介绍了本书的研究目的、研究内容、技术路线和创新点。

2　生产单元换线决策专家系统的总体技术方案

2.1 生产单元换线决策专家系统的实现原理

生产单元换线决策专家系统建立在常用专家系统结构和神经网络专家系统原理基础上，采用交互仿真的方式进行知识收集，对知识进行遴选和表达，运用合理的推理和解释方式等技术手段，利用生产换线专家领域知识进行生产单元换线决策。

2.1.1 专家系统结构

专家系统通常有三种结构形式，即基本结构、一般结构和理想结构[94]。图 2.1 所示是专家系统的基本结构，包括推理机和知识库两个主要部分。换线领域专家直接与知识工程师交互，收集和整理领域专家的知识，并转化为内部表示形式存放在知识库中。推理机通过用户的问题要求和所提供的最初数据，采用知识库中的知识对问题进行求解，最后将产生的结果输出给最终用户。

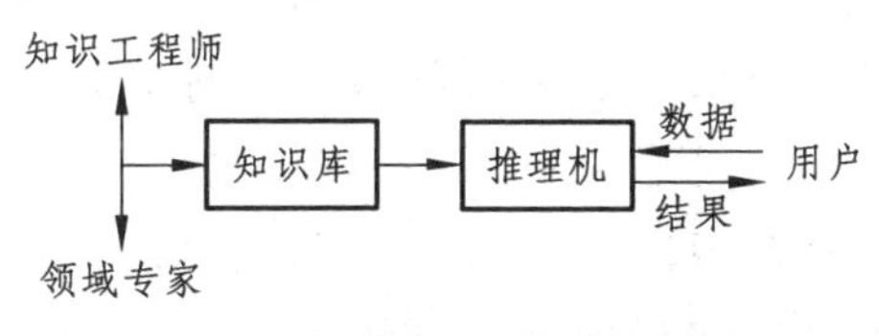

图 2.1 专家系统的基本结构

专家系统的一般结构如图 2.2 所示。以 MYCIN 系统为代表的基于规则的专家系统（Rule-Based Expert Systems）采用的是一般结构，它是根据产生式系统演变而来的。这种结构包括六个部分，即推理机、知识库、知识获取程序、综合数据库、解释程序和人机接口。推理机、知识库和综合数据库是目前多数专家系统主要的内容，而知识获取程序、解释程序和专门的人机接口则是每个专家系统都要求能够拥有的模块。

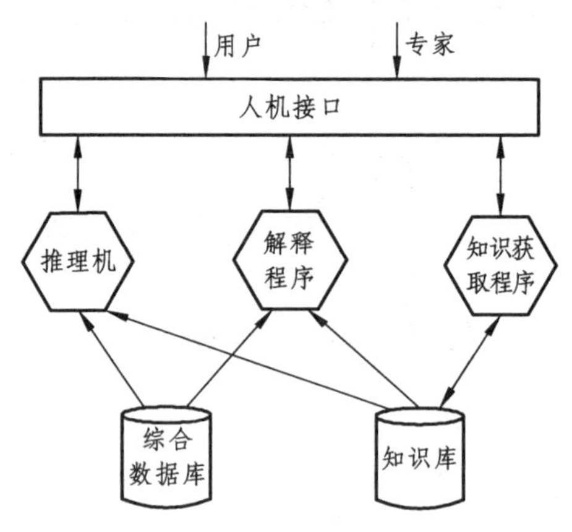

图 2.2　专家系统的一般结构

（1）知识库。知识库用来存放领域专家和管理人员提供的专门知识和经验。这些知识和经验包括：书本知识、常识性知识以及专家实践得到的经验知识。专家系统的问题求解方式是利用专家提供的领域知识来模拟其思维方式进行的，一个专家系统的性能和问题求解能力取决于知识库中存放知识的数量和质量。知识库的构建是建造专家系统的重要组成部分。

（2）综合数据库。综合数据库主要用于存储求解的初始数据、求解的状态、求解的中间结果、求解的假设目标和最终求解结果。

（3）推理机。推理机通常按照在一定的控制方式，根据综合数据库中的当前信息选取知识库中对解决目前问题所需的知识来推理。在专家系统中，往往因为知识库中的知识不够精确和完备，推理的过程一般采用不精确推理进行。

（4）知识获取程序。在专家系统构建知识库时，会利用部分经验丰富的知识工程师来自动获取专门知识，从而实现专家系统的自学习功能以完善知识库。

（5）解释程序。解释程序主要是为了让用户理解系统对问题的求解过程以及增强用户对求解结果的信任度。结合用户的提问，解释程序会针对系统当前的求解状态、求解过程和结论进行说明，以便在知识库的完善过程中让专家和工程师发现和找出知识库中的错误，从而使领域的操作人员可以在解决问题的过程中进行直观学习。

（6）人机接口。人机接口用于将用户或专家的输入信息被编译成系统可接受的内部形式，同时将系统向用户或专家输出的数据信息转化为用户或专家能够接受和理解的外部形式。

专家系统的理想结构如图 2.3 所示。该系统结构由著名的知识工程和专家系统学者 F.Hayes-Roth，D.A.Waterman，D.B.Lenat 等提出，这种结构的思想来源于 HEARSAY 系统的黑板控制结构和基于规则的专家系统结构。目前还没有出现任何一种专家系统具有这种结构的所有部分的功能,但每个专家系统都具有其中的一个或几个部分的功能。理想结构包括语言处理程序、黑板、知识库、解释程序、调度程序、一致性处理程序以及验证程序。

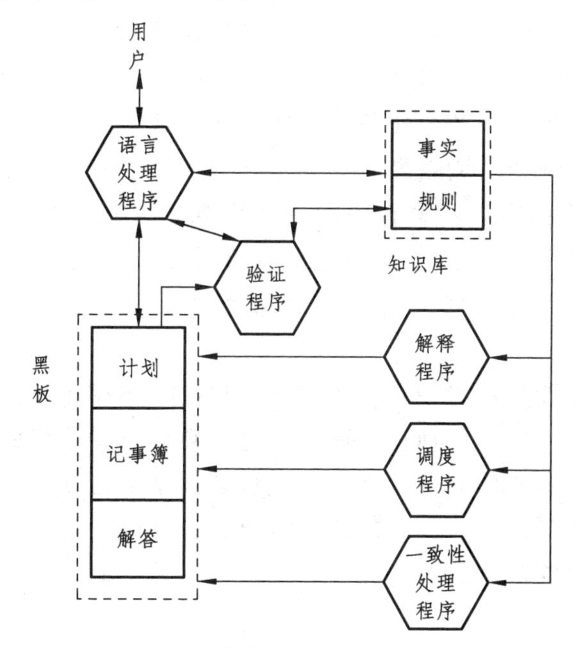

图 2.3　专家系统的理想结构

（1）语言处理程序。典型的语言处理程序不仅能够分析并解释用户的提问、命令和输入信息，还能编排由系统产生的信息（包括对问题的回答，对系统行为的描述、解释和询问等）数据。语言处理程序是专家系统和用户之间进行信息处理的平台。

（2）黑板。黑板主要记录专家系统解决问题过程中的中间假设和判定。记录在黑板上的判定有记事簿、计划和解答三种类型：①“记事簿”用于记录等待执行的动作，它与以前某些判定有关的知识库规则有关。②“计划”描述总体着手解决点，即系统在解决问题的计划、目标和问题状态。例如，一个“计划”首先考虑处理所有最初原始数据，接着产生几个最可能的假设并对假设进行加工整理从而选出一个最好方案，最后处理这个假设方案进而找到满意的解答过程。③解答用于记录系统产生的备用假设，并判定这些假设之间的关系。

（3）调度程序。调度程序用于管理记事簿，同时指导下一步要执行的任务。在调度程序中通常加入一部分策略性知识，用于指导记事簿中各个任务的调度决策，如“下一步最合适的工作”和“避免重复劳动”。为了便于使用策略性知识，调度程序要依据计划和解答之间的情况来指定记事簿中各个任务的优先级。通常情况下，调度程序还需要估计应用规则的一般效果。

（4）解释程序。解释程序利用知识规则寻找记事簿上的任务。通常而言，解释程序会寻找规则中的合适条件，将条件中的变量代入到黑板上的某个解答条件，然后结合规则的解答，对黑板进行调改修正。

（5）一致性处理程序。一致性处理程序主要用于维护所生成的解释的一致性。一致性处理程序使用特定的数值调整生成的解释，确定各种潜在判定解答的可信度，以避免达到的结果出现不一致。例如，当解答部分表示为引入一些新数据或假设诊断时，可以采用相同的修正方式；当解答部分表现为真值关系和逻辑推论时，直接采用真值进行维护。

（6）验证程序。验证程序用于向终端用户解释系统的结论，用于回答“为什么不选择另一种可能”和“为什么获得某种结论”的问题。

在回答“为什么不选择另一种可能”时，验证程序依据推理选择出的可达到问题结论的规则，但由于其它一些规则的相关条件不满足而不能应用这串规则进而排斥这一串推理规则；在回答“为什么获得某种结论”时，验证程序根据黑板的解答，从提问的结论回溯到中间假设或支持数据，回溯的每一步都一一对应于知识库规则的推理，验证程序把推理过程收集起来，给用户转换成易于理解的语言表达形式，进而解释系统因何排斥了这种结论。

（7）知识库。知识库用于储存解决问题相关的规则，以及当前求解状态的信息和事实。

综合三种专家系统的结构形式不难发现，特定领域的专家系统必定包含一个推理机和一个知识库，这是区分专家系统和传统软件系统的关键。与此同时，专家系统还面临着如下问题：

（1）知识获取问题。专家系统的知识来源于专家，为了将专家的知识进行总结归纳，知识工程师需要向领域专家求教。但在很多情况下，专家往往自己也很难把自己的知识表达清楚，这样导致了知识获取的困难。

（2）专家知识的局限性。由于专家系统的专业领域相对比较局限，所定义的问题和处理问题的知识体系也有一定的局限：对完全“匹配”的问题，专家系统能以专家水平做出处理并给出可靠地解答；当不能完全“匹配”时，系统可能会给出莫名其妙的答案。

（3）知识储存量与运行速度的矛盾。由于目前大部分计算机只能支持串行处理方式、集中储存方式和严格化处理方式，在大规模的搜索和匹配要求日益增多时，经常出现匹配冲突和无穷递归的问题。因此，专家系统中经常出现知识越多解决问题越慢的现象，这大大限制了专家系统迅速解决大型复杂问题的能力。

（4）自学习能力弱。专家系统知识储存是一一对应的，没有冗余性，因而也就丧失了灵活性。目前的专家系统尚且不具备自学习能力和智能联想的功能，因此无法通过识别、类比和联想记忆等方法进行推理。

2.1.2 神经网络专家系统结构

神经网络主要有大规模模拟并行处理、高度的容错性和鲁棒性、自学习、自组织以及实时处理的特征。基于神经网络的专家系统（NNES）是以神经网络为核心设计的一种数值结合型智能系统，它既能实现专家系统的基本功能，模拟人类专家的逻辑思维方式进行推理决策，还具有自学习能力、自适应能力、并行推理能力和联想记忆能力。神经网络专家系统的目标是利用神经网络的大规模并行分布、自学习和联想记忆等功能实现知识获取自动化，克服“推理复杂性”“组合爆炸”和“无穷递归”等困难实现并行推理，提升专家系统的智能水平、实时处理能力和鲁棒性。

神经网络专家系统的定义[95]如下：

$$\text{NNES}=(\text{KB},\text{NN},\text{EX},\text{IN}) \tag{2.1}$$

其中，KB 是知识库。

$$\text{KB}=EB\cup IB \tag{2.2}$$

其中，$EB=R\cup S$ 是外部知识库，$R=\{r_1,\ r_2,\cdots,r_n\}$ 是规则集。

$S=\{s_1,\ s_2,\cdots,\ s_n\}$ 是样板实例集，其中元素 $s_i(i=1,2,\cdots,n)$ 是输入样板的属性。$\text{IB}=W\cup L$ 是内部知识库，W，L 分别是神经网络的权集和连接集。

NN 是人工神经网络。

EX 是输出解释机。

$$\text{EX}=(NO,\ EC,\ fe) \tag{2.3}$$

其中，NO 是神经网络；EC 是专家系统动作集，$EC\in R$；fe 是函数，$fe:NO\to EC$。

对于形如 $LHS\to RHS$ 的规则，LHS，RHS 分别是规则的前件集和后件集。

IN 是人机借口。

神经网络专家系统结构如图 2.4 所示。

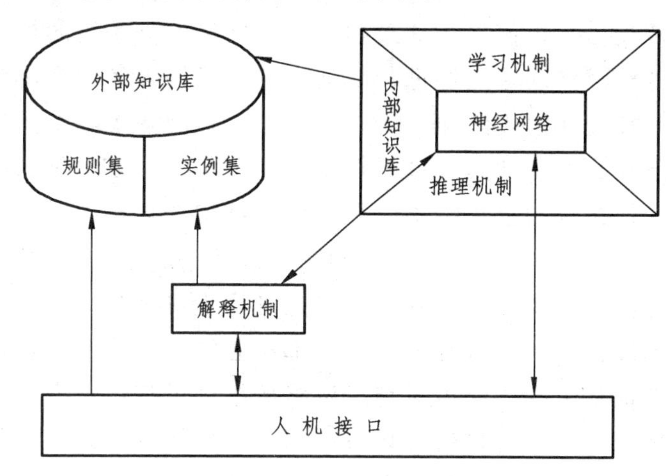

图 2.4 神经网络专家系统结构

神经网络专家系统主要包括外部知识库、解释机制、人机接口和神经网络四个模块，其中神经网络包含了学习机制、推理机制和内部知识库等功能。

（1）外部知识库。外部知识库主要用来储存输入的领域专家知识[96]，包含来自现场和生产实际的大量样本实例集，以及从文献资料中或领域专家处获取的产生式规则。为知识获取的方便，系统将样本实例集作为外部知识库的内容。神经网络的学习机制使得系统可以通过代表性强且足够多的实例数据训练获得知识，也可以按照一定算法把规则集编译为一定的神经网络结构来表达知识。

（2）学习机制。学习机制指按照一定的学习算法，结合外部知识库储存的训练数据集，对神经网络进行训练，然后将训练数据集中隐含的专家经验和领域知识编译为神经网络的内部知识表达的形式。即使在网络局部受损时，如果把专家知识分布地表示和储存在神经网络的所有神经元突触中，也能防止知识的记忆和恢复受到影响。

（3）内部知识库。内部知识库用于在神经网络结构内部，用连接和权值来隐含地表达领域专家的知识。

（4）推理机制。传统推理机制和神经网络专家系统的推理机制有本质的区别：传统推理机制是依据逻辑符号的推理，而神经网络专家系统的推理过程是数值计算的过程。神经网络专家系统的推理机制凭借事实对神经网络的输入层进行赋值，然后依据神经网络所含知识之间的关系和神经元的输入/输出特性，不断地在问题求解空间进行并行搜索，直至找到最满意解，最后得出一组解集，综合解集的内容就能得出依据集体输入的推理结果。尽管网络结构层与层之间的信息是串行传递的，但是同一层神经元完全是并行的，并且同一层神经元的数目远大于神经网络结构层数目，所以这种推理机制是一种并行推理。由于在推理过程中对应着神经网络内部状态活跃的轨迹，若把活跃过的神经结点记录下来，便可对神经网络的推理过程做出合理解释。神经网络推理机制的并行数值计算过程取代了传统专家系统中的回溯过程和匹配搜索，所以推理效率会更高。

（5）解释机制。解释机制把专家系统输出结果编译为特定的动作或便于理解的逻辑概念，相当于专家系统推理机执行过程的工作，结合模式的匹配和选择结果，抽取出神经网络规则对应的后件执行过程和结果。

（6）人机接口。人机接口便于人机对话，便于知识的添加、修改和维护，便于查询推理的历史和实时运行状态，准确显示专家系统的决策结果，同时支持界面显示信息的打印。

2.1.3 生产单元换线决策专家系统的实现原理

生产单元可以与远程换线专家知识库连接，利用远程换线专家知识实现对现场的换线，并可实时观察当前加工中心和特殊压床的生产加工状态。在该系统中，经授权的远程换线专家和生产单元加工人员均可以利用远程用户端实现对加工中心和特殊压床的远程指导和换线策略优化。该系统使用 Web 服务描述语言（WSDL）对组件功能和接口进行详细的描述和精确的定义[97-98]，并发布到远程专家知识中心的服务器上。服务请求者通过 Internet 网络在服务注册中心查找所需要的服务，然后获取该服务的 WSDL 信息并与服务提供者所提供的服务进行绑定，进而调用组件中的相应功能实现彼此之间的交互。其原理是利用 Web 服务技术，实时、完备地将生产现场生产工艺（换线表、换线类型、生产系统动态数据和换线方案）传输到数据库中并储存。

在知识库中，系统根据自身设定的评价指标得出不同操作人员和专家提出的换线决策对生产系统的影响程度。换线专家结合生产现场的实际情况和换线决策对生产系统的影响程度，建立人机交互仿真模型，然后通过人机交互的方式获取实际生产过程的换线知识，对专家换线知识进行遴选，再将评选结果用换线知识进行表达，最后将专家决策信息数据作为必备的知识存储在知识库中，用来进行推理机训练和神经网络规则抽取时解释使用。

在构建知识库后，系统首先使用知识库中数据训练混合神经网络构建推理机，推理机运用智能算法对内部信息（机床利用率、产能、库存水平、换线成本和人员利用率）进行评价、推理，并对换线策略进行优化。接着，解释机制采用文本预置技术对决策树生成的节点进行描述，抽取出神经网络规则，使终端用户了解推理过程并使用升级网络规则抽取方式。最后应用 Web 服务技术将最优换线策略和推理规则传输给现场操作人员参考决策，选择最优的换线策略进行换线，从而实现利用换线领域专业知识辅助解决发动机生产单元频繁换线的目的。

在生产单元中，由于不同产品的工艺要求不尽相同，在生产任务变化较快时会引起生产单元频繁换线，因此生产单元换线决策专家系统必须对换线决策快速响应。结合神经网络专家系统的实现原理，本书给出构建生产单元换线决策专家系统的理论框架（见图 2.5），该框架包含三个部分：

（1）人机交互仿真界面。主要用于获取和遴选生产换线专家知识；

（2）生产换线决策专家系统。主要用于神经网络的规则抽取，由数据库、推理机、解释机制和知识库四个部分构成；

（3）Web 服务的应用。支持专家系统的实施、升级和知识扩展。

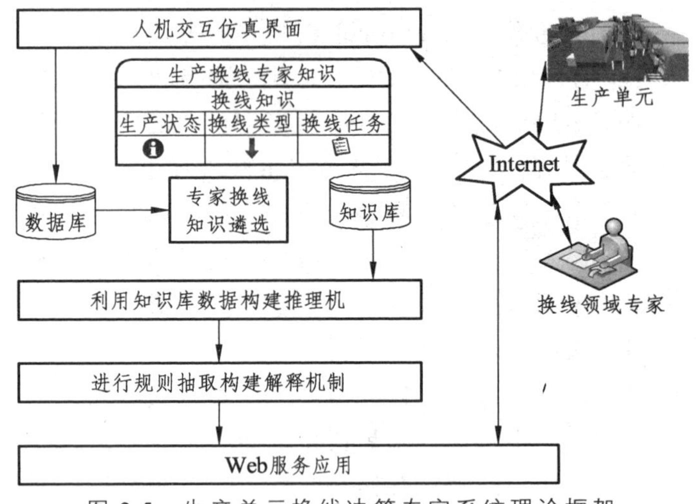

图 2.5　生产单元换线决策专家系统理论框架

下面对生产换线决策领域知识的表达、知识获取的方式、构建知识库、设计推理机、生产换线神经网络规则的抽取以及换线决策专家系统应用模式五个环节进行技术研究，最终实现生产单元换线决策专家系统。

1. 知识获取

知识获取模块负责获取专家决策知识，通过交互仿真模拟生产单元现场情况来获取并遴选生产单元的换线领域专家知识，从而获得特定生产状态下最优、最可行的决策知识。此外，利用交互仿真的方式获取到的生产换线领域专家知识具有以下特点：

（1）凭借定量化知识的仿真技术来设计知识获取模块可以方便专家知识的表达，因此知识库和推理机的建立易于定量化。

（2）利用仿真方法的随机性能够覆盖专家换线领域更多的知识空间，这样获得的换线知识更为广泛全面。

（3）根据生产系统设定的评价指标，利用交互仿真方式评价和量化不同生产换线专家做出的换线决策对生产系统的定量影响程度，可以便于换线决策知识的遴选。

2. 知识库的构建

知识库模块负责存储专家决策的相关信息数据。通过交互仿真模型完成对专家知识数据的采集后，遴选专家决策知识，再结合遴选结果将可行性高的专家决策信息数据存储在知识库中，以便用于训练推理机。

3. 推理机的构建

推理机模块主要使用知识库中的数据进行神经网络训练，由于混合神经网络具有推广能力，因此训练完毕的混合神经网络可以模拟专家的思维进行生产换线决策。

4. 解释机制设计

在解释机制中，专家系统需要实现对专家思维的模拟决策，同时要使最终用户了解推理过程，因此需要抽取出神经网络推理规则。本书使用基于 Trepan 算法的改进抽取规则 IER-Trepan（Improved Elicitation Rule Based on Trepan）算法对混合神经网络的推广能力进行规则抽取，同时结合专家决策预置了相应的文本并给出推理过程和得到结论的理由。

5. 换线决策专家系统的应用模式

基于 Web 服务和 COM 技术，换线决策专家系统可以支持生产换线决策系统在应用上具有组件化、集成化和并行计算的功能。

2.2 生产单元换线决策专家系统实现的技术路线

图 2.6 所示为生产单元换线决策专家系统实现的技术路线。

（1）结合生产单元换线决策专家领域知识，对决策知识进行数学定义，然后用数学方式表达。

（2）在制造系统原型的基础上构建制造系统的仿真模型。

（3）根据制造系统的仿真模型开发交互接口、数据信息的保存接口和人机显示界面实现的交互仿真模型。

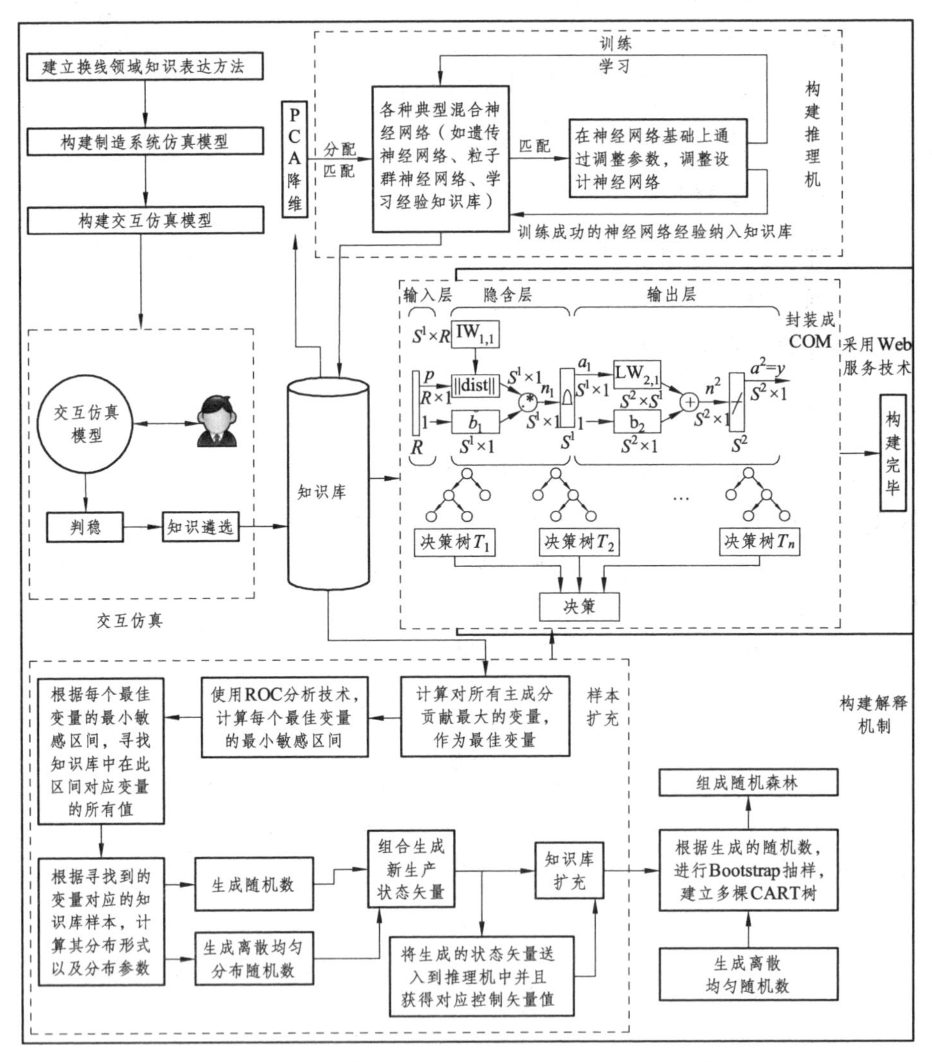

图 2.6　生产换线决策专家系统实现的技术路线

（4）以人机交互仿真模型为试验平台分析仿真过程的稳定性，然后进行析因试验设计，储存专家给出的控制信息数据、影响专家决策的生产状态信息数据和生产系统反馈回来的生产目标信息数据，最后根据最优的生产目标寻找并采取专家决策来匹配生产现状。

（5）结合匹配的结果遴选换线知识，并将遴选后的换线知识储存到知识库中。

（6）通过混合神经网络的比较选择遗传神经网络作为构建推理机的一种方式,然后利用知识库中的大量数据信息来训练混合神经网络，构建推理机。

（7）使用神经网络抽取算法 IER-Trepan 对神经网络规则进行抽取：① 基于 Trepan 算法寻找出对主成分分析贡献率较大的变量组，使用 ROC 技术[99-100]分析出知识库中初始的样本很难分类的最小敏感区间，并对生成的敏感区间进行交互操作从而划分出新的组合区间；② 使用 K-S 算法检验该新区间中知识库的样本，计算出该区间中参数和样本服从分布的形式并产生随机数。

将产生的随机数组合成新的生产状态变量送入到知识库中，然后重新进行再分类组合成知识样本，并对知识库进行 Bootstrap 抽样，细分出不同的决策样本集合，使用已经组合好的样本集建立若干个 CART 树，生成随机森林决策树，结合文本预置技术对决策树中生长出的节点进行解释和阐述。

（8）利用封装技术将推理机接口、知识库访问接口和解释机接口封装成 COM，自此，基于 Web 服务的生产单元换线决策专家系统的应用模式构建完毕。

2.3 生产单元换线决策专家系统的应用形式

生产单元换线专家系统在生产换线决策过程中提供了决策依据和优化方法，具备一定的可应用性和可操作性。本节对生产单元换线决策专家系统的工作过程、专家系统的封装形式和专家系统的应用模式进行阐述。

2.3.1 生产单元换线专家系统的工作过程

生产单元换线决策专家系统的工作过程如图 2.7 所示。当用户输入生产现场信息、生产目标赋值和正在执行的生产计划赋值后，推理机就会查询换线知识库，搜索知识库中存放的换线决策知识：如果成功搜索到能解决目前状态下换线决策知识，则返回结果；如果未搜索到，则执行推理过程。然后，系统将根据推理结果执行 IER-Trepan 算法进行解释，从而获得与推理机结果一致的决策树编号，返回该决策树所对应的静态规则范围，并以此作为动态规则和产生的整个静态规则。

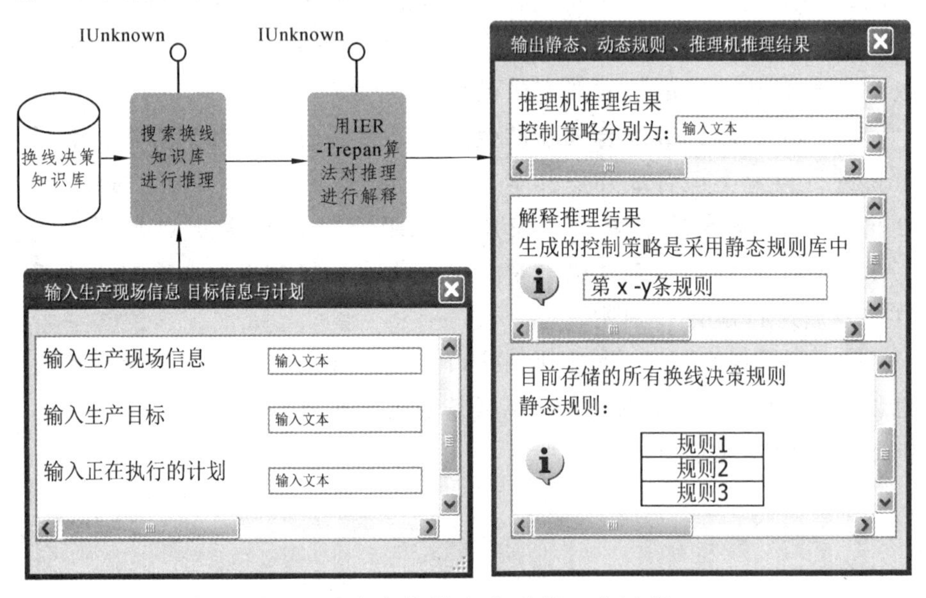

图 2.7 生产换线专家系统工作过程

2.3.2 生产单元换线决策专家系统的封装形式

封装是指将一种数据结构映射进另一种数据结构的处理方式。

在本书的研究中，封装以专家系统软件的方式存在，采用微软组件模型技术（COM）来封装生产单元换线决策专家系统。运用COM技术的优点包括：

（1）复用性较高。

组件化的程序设计技术是指将一个应用系统分解成若干组件，并且这些组件保持独立，因此这些组件可以采用不同的开发工具来开发，分别进行编译，甚至还可以各自独立调试和测试。把所有的组件开发完成并组合在一起，就能够得到一个完整的应用系统，但这些组件是通过相互间的接口来完成协同工作的，一旦生产单元换线决策专家系统的知识库升级，就必须重新构建推理机和解释机制。而采用COM技术封装的系统，就不必对整个系统进行编译和修改，只需对相关的组件进行包容或者聚合即可，这使得组件程序具有较高的复用性。

（2）位置具有透明性。

使用全球唯一识别符（GUID）技术的微软组件模型，其位置相对于要加载COM组件的应用程序是透明的，因此针对本地机器上的专家系统组件和发布在远程机器上的专家系统组件均可以采取相同的处理方式。

（3）语言具有无关性。

COM技术组件采用二进制，因此COM组件语言具有完全无关性。基于此，任何的编程语言均可调用COM组件，同样也可以运用任何开发语言来支持COM组件。一旦需要升级生产换线专家系统，可不必局限在最初程序上开发，可以考虑使用其他任何的编程语言对原始组件进行聚合或包容。

采用组件模型的专家系统具有的高复用性、透明性和语言无关性等特点，给生产单元换线决策专家系统的调用、升级、通信和扩展带来了方便。

2.3.3 生产单元换线决策专家系统的应用模式

生产单元换线决策专家系统的网络化应用模式能够实现动态服务器页面（ASP）模式的程序发，同时网络化应用模式为生产单元换线决策专家系统提供了并行计算的能力，为实现换线智能体提供了方法和手段。

（1）由于当前交互仿真技术采用的商品化的仿真软件虽然比较成熟，但是价格昂贵，且在知识库升级过程中会遇到的复杂技术问题，因此生产换线决策专家系统应用 Web 服务的方式提供相应接口，实现动态服务器页面模式的程序发布，使得企业终端用户访问服务器端的专家系统时只需调用相关接口即可。

（2）生产单元换线决策专家系统的网络化应用模式使用 Web 服务的接口实现一个动态、高容错和智能化的换线决策智能体：①利用交互仿真方式获取的知识为换线智能体提供换线领域知识奠定了基础；②利用混合神经网络和 Fisher 分类器的推理机用来设计换线决策智能体的智能推理模块；③解释机制模块可以实现利用换线决策智能体的知识表达对推理过程进行解释；④双层体系结构用来实现换线决策智能体的黑板模块；⑤采用 Web 方式应用来实现换线决策智能体的大多数功能。

综上所述，基于 Web 服务的网络化应用模式能够实现生产单元换线决策专家系统 ASP 模式的信息发布和换线智能决策的功能。

2.4 本章小结

本章阐述了生产单元换线决策专家系统的实现原理和技术路线。本章首先构建交互仿真模型，运用交互仿真技术获取专家知识；然后利用混合神经网络并行计算的能力和网络训练构建推理机，模拟专家思维进行决策；接着结合决策树和文本预置技术构建解释机制解释推理过程；最后采用微软组件模型技术（COM）对生产换线决策专家系统进行封装，以 Web 服务作为应用生产换线决策专家系统的技术。

3　基于交互仿真的生产单元专家知识获取

交互仿真用于对生产单元换线领域的知识获取，是构建知识库的前提。为了构建交互仿真模型，首先需要对生产单元的定义和特点进行简要介绍，其次需要建立制造系统模型，并在制造系统模型的基础上开发决策保存模块以及数据显示前端，以达到构建专家与制造系统模型交互的目的。

3.1 生产单元的定义和特点

生产单元是以零部件或产品的工艺流程组织规划为基础的一类新型的制造系统。由于生产单元能把生产过程组织为协调高效的物流，因此能够避免库存积压，从而节约生产面积，显著地压缩制造周期，提高设备利用率。生产单元的基本原理就是把加工设备在一定范围的生产面积内按照产品工艺流程的顺序和要求来布置设施，并由一个高素质的制造团队负责完成从原材料准备、半成品加工到最终成品产出的一系列生产及管理的过程。生产单元的制造模式提出后，在离散制造、冶金、造船等多个行业得到了迅速推广，为提升企业制造能力发挥了重要作用。生产单元是复杂的制造系统模式，它涉及信息流、物流、能量流和设备布局等多个方面，如图 3.1 所示。

由图 3.1 可知，生产单元中不仅包含操作者和硬件设施，还包含生产软件系统，是多种信息、资源、设备等的集合体。经过其加工，可以将资源加工转换为半成品或成品，其制造加工过程中包含产品的工艺规划、生产现场布局实施、换线、等待加工、装配和质量控制等环节[101]。

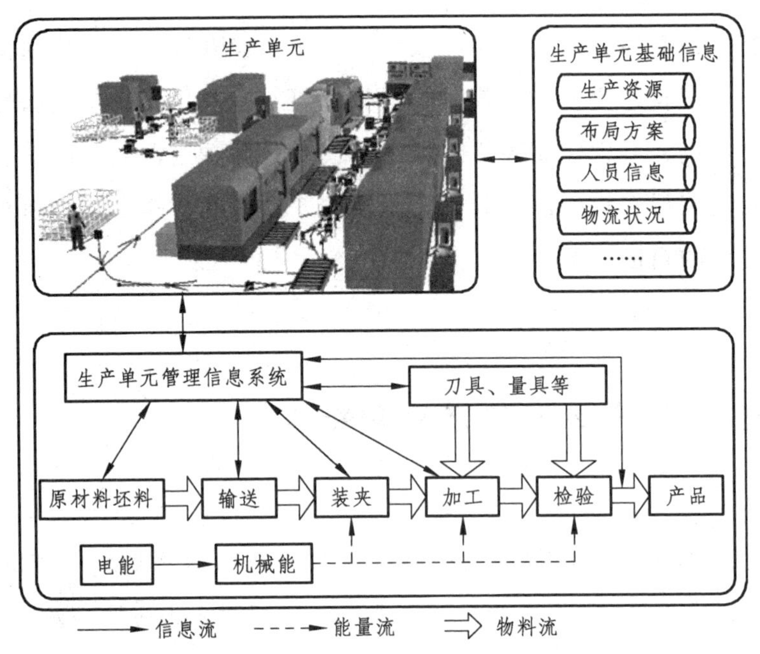

图 3.1 生产单元结构模型图

3.2 专家系统知识获取概述

专家系统知识获取和推理机构建是专家系统的重要组成部分，而系统的结构和推理控制策略具有不可控的因素，进而制约专家系统的性能，因此知识的数量和知识的质量及组织管理是影响的系统性能的决定性因素。知识获取是在专家系统开发过程中是最困难的环节。所谓知识获取，是指从知识源中抽取出用于解决领域专业问题的知识，并转换编译成计算机表示的特定知识[102]的过程。知识源涉及专家经验、专业知识、参考文献和数据库。由于知识源中的知识并不是完全以一种直接的形式存在的，因此作为知识获取的主体，知识工程师必须亲自抽取和表示所需要的那部分知识。知识获取示意图如图 3.2 所示。

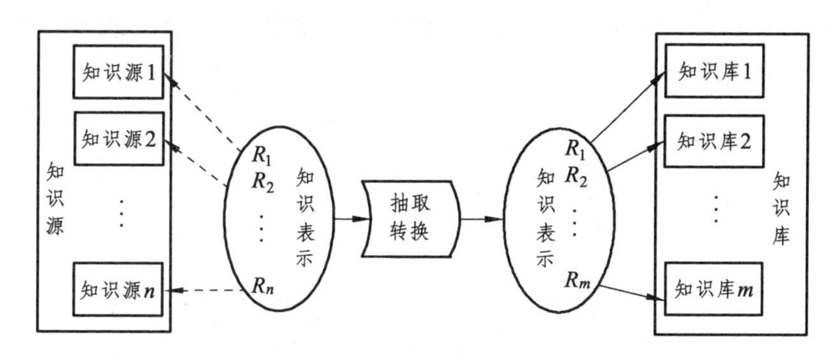

图 3.2 知识获取示意图

知识获取的基本途径包括三种：

（1）采用会谈方式进行知识获取。

知识工程师和领域专家通过对话来获取知识，这需要加强领域专家和知识工程师之间的知识渗透。知识工程师需要大量阅读专业领域的相关关资料和文献，掌握专业知识，找出解决问题的重要概念、约束、关系和推理方法，在进行会谈时要抓住问题的本质，同时向专家阐述清楚专家系统解决问题的基本过程和原理，使专家清楚系统中知识的统一表现形式，真正做到专家和知识工程师相互理解。经过知识工程师和专家的反复讨论交流，最后以文档的形式储存。

（2）采用案例分析方式进行知识获取。

领域专家依据所提供的材料，结合具体案例进行分析、归纳，整理出解决问题的方案和途径。专家在案例分析的过程中，会把注意力集中在解决问题的过程。案例分析的方式不仅有利于知识工程师对专家解决问题模式的理解,还便于以同样的方式对知识进行结构化组织，整理归纳出和问题有关的知识。

（3）交互式知识获取。

知识工程师通过大量阅读问题领域的相关资料和文献，及时和领域专家对问题进行沟通并通过知识编译器向计算机直接传输知识。确定语言和知识表示模式在这样的工作方式中是至关重要的，知识工程师借此用它来描述从资料或专家处得到的知识，然后利用知识编译器以交互的方式把知识储存到知识库中。交互式知识获取过程如图 3.3 所示。

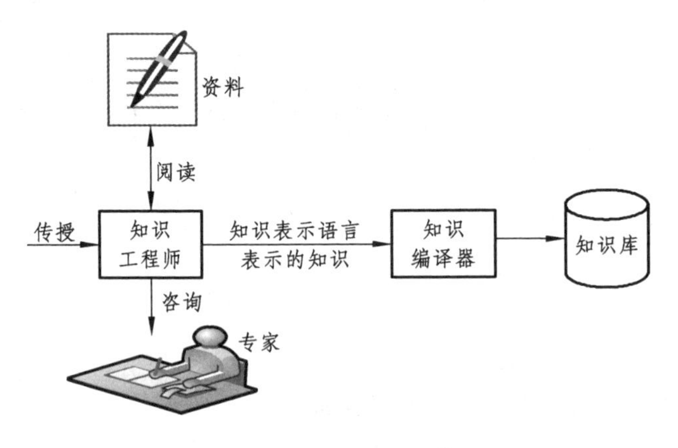

图 3.3　交互式知识获取

3.3　制造过程仿真软件简介

制造过程仿真软件自身附带有一些应用工具包，通过简单的编程语言就可以进行二次开发。相比传统程序开发语言（如 Java，C++等）建立的仿真程序而言，使用仿真软件能够减少程序二次开发的工作量，不但能够提供有良好的用户界面，还可以通过使用比传统程序开发简单得多的程序语言以达到提高建模效率的目的。目前，在离散事件系统过程仿真领域中，比较常见的研究是应用 eM-Plant、Witness、Arena、Flexsim 等仿真软件建模来解决生产系统中与效益相关的问题。本节将上述仿真软件的性能和特点进行比较分析，以便在实际情况中选择切合实际的仿真软件来进行制造过程的建模。各仿真软件功能特点见表 3.1。

表 3.1　仿真软件功能比较

软件名称	软件公司	功能比较	相同之处
eM-Plant	Tecnomatix	1. 提供 Sim Talk 编程语言； 2. 具有渐进式建模功能，每个模型均可作为一个模板； 3. 结构层次化，能够从上而下构建仿真模型，可以同时仿真运行不同层次的模型	1. 有开放的系统结构，提供便于与其它软件集成的接口； 2.提供对仿真结果的图表显示以及统计分析工具； 3. 提供交互式面向对象的建模环境
Witness	Lanner Group	1. 提供 OLE 自动服务； 2. 友好的工程性，充分考虑实际需要； 3. 灵活的执行策略，提供 14 种可以组合的输入/输出规则	
Arena	Rockwell Software	1. 软件附带用户开发模板功能可以自定义使用，而且程序具有复用性； 2. 相对 Flexsim、eM-Plant 等仿真软件而言数据输入/输出和模型调试更方便，界面更友好； 3. 学术研究性强	
Flexsim	Flexsim Software Production	1. 开放性范围广，可用开放数据互连多种外部软件和硬件； 2. 基于 OpenG 技术开发，三维显示功能强大	

由上表可知，表中列举的仿真软件都提供二次开发的接口，而且能够调用传统的编程语言，编程语言之间具备兼容性。基于此，利用动态链接库技术结合传统编程语言在仿真软件平台上进行二次开发具备了可操作性和可行性。本书提到的仿真方法的制造过程模型平台的构建均可采用表中列举出的仿真软件。但是，本书提出的生产单元制

造系统仿真建模主要用于换线决策专家系统的知识获取，需要在仿真过程中能直观体现出知识交互获取的仿真方式。通过比较表中各仿真软件的特点和功能可以看出，Flexsim 仿真软件不仅拥有三维显示功能，还可以动态、直观、形象地反映出制造系统模拟过程中操作人员行走、换线、等待加工、装配等动作，因此本书使用 Flexsim 仿真软件进行制造系统过程的建模和仿真模拟。

3.4 构建制造系统仿真模型

构建具有复杂生产系统换线决策特征的制造系统仿真模型是设计交互仿真、构建交互仿真模型的基础。制造系统仿真模型既可以模拟生产现场的实际生产情况，对仿真系统产生的随机数据进行处理并构建交互仿真模型，利用交互仿真技术提取专家决策信息数据，又能便于专家根据交互仿真的反馈结果遴选决策。

制造系统仿真模型主要由生产过程基础仿真模型、控制逻辑层和接口层三个部分组成，如图 3.4 所示。

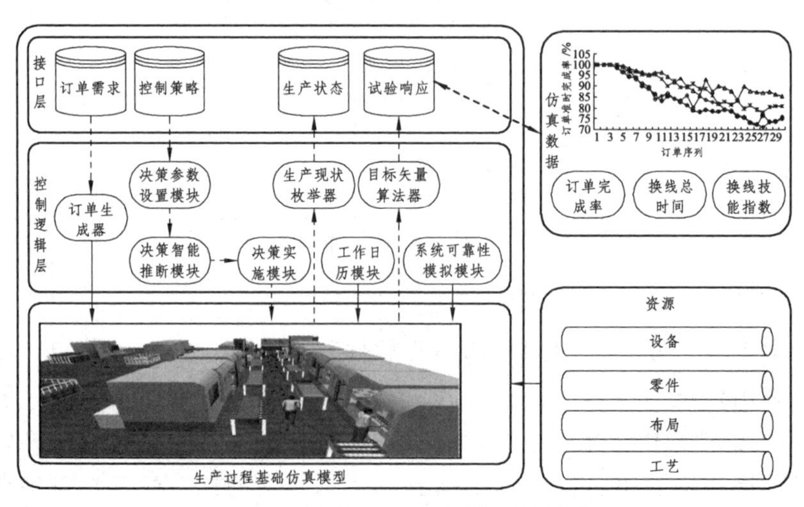

图 3.4 制造系统仿真模型的结构

1. 生产过程基础仿真模型

生产过程基础模型包括设备布局、物流路径、在制品状态、原材料及操作工等生产单元基本信息，主要作用是描述产品在生产制造系统的加工过程和物流路径。因此需要在实际生产单元中收集设备、工艺参数、物流路径等生产信息数据来建立模型（包括产品对象模型、设备模型、工作者模型和工艺模型等），然后把这些模型集成到整个生产制造系统上来构建生产过程的基础仿真模型。

当生产系统生产过程不考虑决策的过程模拟与评价时，生产过程基础仿真模型几乎可以实现模拟的所有要求。但考虑到在复杂生产系统中，专家需要系统考虑生产过程的决策问题，这就要求必须在生产过程基础仿真模型的基础之上建立逻辑控制层。主要目的是采用神经网络的并行计算能力对基础仿真模型中的信息决策评价指标进行快速计算，进而得到仿真模型的交互结果，并以此为依据来执行专家的决策。除此之外，还需要开发接口层来保存专家决策相关数据、控制策略、订单需求和生产状态信息以及实验响应的结果。

2. 逻辑控制层

逻辑控制层首先将生产过程基础仿真模型的订单需求输入到订单生成器并触发交互仿真的状态的初始点；当达到决策点需要做出决策时，根据接口层的控制策略数据和生产状态数据，结合逻辑控制层的控制策略矢量，对其进行设置相应的参数；输入相应的参数，调整设置完毕，决策智能推断模块根据自身的智能推算推断出实际要完成的执行策略辅助专家决策；同时输出到决策实施模块来执行决策；最后保存这些专家决策信息数据并将上次和本次智能推断的决策目标值输出到基础层。

逻辑控制层包含订单生成器、生产现场枚举器、决策推断模块、决策实施模块、目标矢量算法器、系统可靠性模块和工作日历模块等模块。

（1）订单生成器。订单生成器用于触发制造系统仿真模型状态的初始点。结合企业资源计划，订单主要产生于制造系统的订单预测、订单计划、紧急跟单和插单，一旦订单情况发生变化，订单生成器将结合专家知识触发一次决策的仿真点。

（2）生产现场枚举器。参照接口层的生产状态信息数据，生产现场枚举器用定量化的知识处理这些数据信息，记录仿真中的决策点，最后将这些仿真事件储存起来。

（3）决策推断模块。决策推断模块首先运用神经网络并行计算能力智能计算出控制策略值。专家从实际生产的需要出发，参考目前推断出的策略值调整部分决策参数，运用数学方法计算出其估计参数的值并进行验证。

（4）决策实施模块。该模块接收决策推断模块的输入数据，并将其编译成仿真软件能够识别的程序语言，执行控制策略。

（5）系统可靠性模块。系统可靠性模块针对历史数据，利用数理统计的方法，统计系统失效情况的分布形式，记录服从某种分布的失效点和产生的随机数。一旦仿真系统运行到失效点，专家可对数据信息进行分析，做出失效决策的可靠性处理。

（6）目标矢量算法器。目标矢量算法器根据基础层的生产情况，通过仿真模型获取相关数据，然后结合生产目标，通过目标矢量算法计算出在决策点时刻的专家决策完成的生产目标值，最后将目标值输出到接口层的实验响应中并保存起来。

（7）工作日历模块。该模块以时间进度的形式控制基础层仿真模型运行的任务情况，一旦仿真时间处于工作日历计划以外的时间，仿真就会自动停止运行。

3. 接口层

接口层负责处理逻辑控制层的信息和外界程序通信的事件。逻辑控制层通过生产现场枚举器生产状态数据信息，然后输出到接口层，并将数据保存到生产状态数据库中。同时，目标矢量算法器采用智能快速的方法将基础仿真层的生产目标数据信息处理好，然后输出到接口层的试验响应中。试验响应根据储存的数据和外接程序通信，最后输出仿真数据，并通过程序设计显示换线总时间、订单完成率和换线技能指数。因此，制造系统仿真模型中的接口层的外接程序通信事件是沟通制造系统仿真模型和交互模型的桥梁，能使模型间能够更为方便地进行数据信息处理。

3.5 交互仿真模型的构建

上节介绍了制造系统仿真模型，可以很好地模拟生产实际情况，但是要合理地获取专家领域知识和经验，还需要用交互仿真的方式来进行专家决策相关数据的收集。因此，需要在制造系统仿真模型的基础上设计交互仿真模型。

制造系统仿真模型、决策数据保存和数据显示前端是交互仿真模型的核心组成部分。交互仿真模型各个子功能模块如图 3.5 所示。

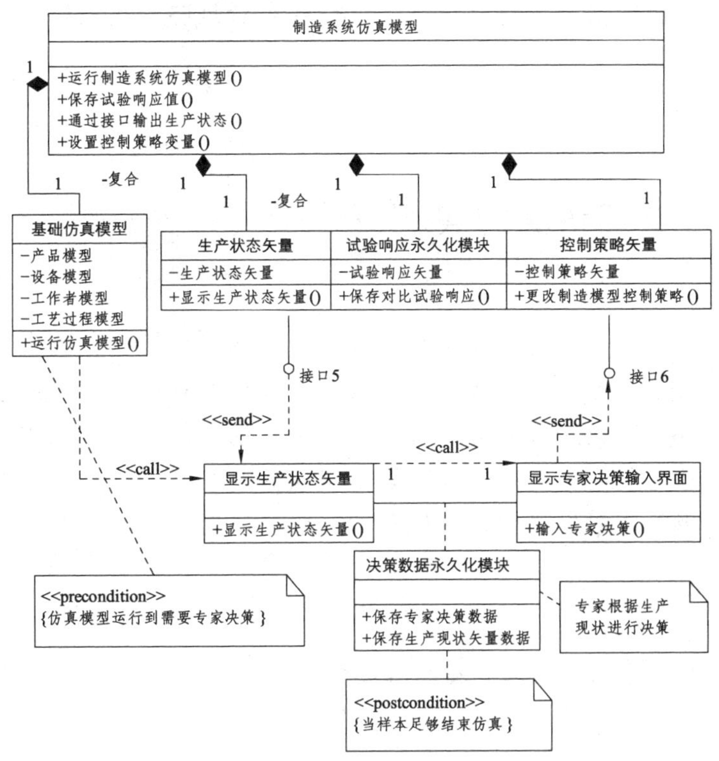

图 3.5 交互仿真模型的 UML 类图建模

（1）生产状态矢量显示模块。使用制造系统仿真模型模拟生产现场实际情况时，显示模块会在可视化界面显示各个生产状态的指标值。当需要专家判定是否需要换线决策时，可以结合其经验和状态指标暂停仿真，在当前决策点重新设置决策所需的生产状态参数。

（2）生产目标矢量显示模块。该模块主要显示在交互仿真达到决策点时，专家根据实际情况搜集已经达到的生产目标矢量的历史数据。

（3）专家决策输入 GUI 模块。生产专家结合自己的专业知识和经验，通过显示的生产状态矢量做出合理决策，决策指令通过图 3.5 中的接口 6 送入到制造系统仿真模型中，制造系统仿真模型按照专家的决策信息重置相关参数，然后运行仿真执行任务。

（4）决策数据保存模块。该模块主要负责采集数据。数据采集模块记录专家每次执行决策时的专家决策数据信息、生产目标数据信息和生产状态数据信息，直至交互仿真在保存到足够的决策样本数据后仿真结束。

3.6 交互仿真的实现

利用构建的交互仿真模型来模拟生产现场实际情况：首先通过专家的交互决策，每执行一次决策进行一次知识的获取；然后通过一定的算法对专家知识进行处理和遴选，并结合设定的评价指标遴选出各种生产目标下最优的专家换线决策知识和数据信息；最后保存这些决策知识和相关数据信息供推理机和解释机制使用。

3.6.1 交互仿真实现技术内容

在模拟实际生产情况时，往往要根据不同的生产目标遴选出在该生产目标状态下的最佳专家换线决策知识样本数据，因此需要设计不同生产目标和生产状态的试验方案。首先，在仿真程序中设置好试验参数，通过运行仿真模型获取样本数据保存试验响应样本；然后，采用数理统计对相关试验响应样本进行分析；最后依据系统设置的指标遴选出各个生产目标下的最佳专家换线决策方案，并利用这些仿真决策数据来构建知识库。

（1）设计交互仿真试验。本节使用交互仿真获取的知识样本数据作为最优匹配的试验平台，并结合试验平台仿真运行时间。不同决策操作员随机进行不同生产目标的换线，同时记录仿真趋向稳定的仿真时间（影响试验的因素包括能够使生产目标趋向稳态的生产计划和决策操作人员）。试验响应结果将输出订单准时完成率、换线总时间和换线技能指数。

（2）储存生产目标值。在交互仿真运行开始时，生产目标值会随机产生波动，如果不经过处理将导致决策误差较大，因此采用较长的仿真时间来产生较多的决策点能够获得更为稳定的生产目标值（可运用数理统计的方法判定稳定情况）。生产目标值主要保存某个决策点时的目标值和完成计划后保持的生产目标值，根据系统设定指标优选出最佳的试验样本作为试验响应值。

（3）专家决策的遴选。在模拟生产现场仿真时，专家作出的决策对生产目标有着重要的影响，同时生产作业计划与决策人员两个因素之间的交互效应对生产目标也有着重要的影响。因此，需要从储存的决策中结合指标遴选出各个生产状态下最佳的专家换线决策。

3.6.2 交互仿真实现算法

1. 生产目标的稳定判定算法

生产目标值的稳定性决定着遴选结果的判定是否准确。因此，生产单元换线决策专家系统采用聚类方法的稳定判定算法对各个生产目标下的最佳决策进行稳定性判断。

通过交互仿真模型获取的是一组随机生产目标值，而目前针对随机值的稳定判定还没有最佳的算法，但在制造系统相关文献研究中，可以借鉴生产目标值的方差来近似判定。

生产目标值的均值方差可以通过式（3.1）来计算：

$$D(\overline{X})=D\left(\frac{1}{n}\sum_{i=1}^{n}x_i\right)=\frac{1}{n^2}[D(x_1)+D(x_2)+\ldots+D(x_n)] \tag{3.1}$$

从（3.1）式可以看出，生产目标值的均值方差与生产目标值的单次测量值的方差有关系。在生产系统中，随着时间的推移，生产系统会出现渐进的稳定性。也就是说，最后几项生产目标测量值产生的随机波动会比较小。因此，判定生产目标的稳定性，只需判定最后几项测量值的残差变化情况即可。由式（3.2）计算单次测量值的残差，并归一化：

$$v_i=\frac{(|x_i-\overline{X}|-v_{\min})}{v_{\max}-v_{\min}} \tag{3.2}$$

其中，$v_{\max}$是残差值中的最大值，$v_{\min}$是指残差值中的最小值。

计算各个单次测量值残差之间的距离：

$$d_{ij}=\sqrt{{v_i}^2-{v_j}^2} \tag{3.3}$$

计算出样本间最小距离：

$$d_{\min}=\min(d_{ij}) \tag{3.4}$$

设 n 为类 O_r 中的样本个数，m 为类 O_s 中的样本个数，将样本间拥有最小距离的两个样本化为一类，并计算出类间最小距离：

$$d_{\min}=\sqrt{\left(\frac{1}{n}\sum_{v\in O_r}^{n}v_i\right)^2-\left(\frac{1}{m}\sum_{v\in O_s}^{m}v_i\right)^2} \tag{3.5}$$

将类间距离最小的两个类重新组合成一个新类，并且重新计算类间最小距离，直到将生产目标矢量聚成两类。

结论：计算两个类的均值方差，并设方差较大的那个类为 Class1，方差较小的类为 Class2。观察 Class1 中是否包含生产目标的最后几组样本。如果包含，则观察包含的生产目标样本的数量。如果数量小于 Class2 中样本数量的 α%，则仿真比较稳定，可以进行专家决策遴选。

2. 专家决策遴选算法

生产换线决策专家系统采用析因设计对专家决策进行遴选，具体算法如下：

假设有 r 个专家参加决策，s 种不同生产计划任务，每个专家对每种不同的生产计划进行 t 次交互仿真，X_{ijk} 为第 i 个专家针对第 j 个生产计划进行第 k 次交互仿真。

（1）计算交互效应检验统计量。

首先，计算交互效应观测平方和

$$SS_{HP} = t\sum_{i=1}^{r}\sum_{j=1}^{s}\left(\frac{1}{t}\sum_{k=1}^{t}X_{ijk} - \frac{1}{st}\sum_{j=1}^{s}\sum_{k=1}^{t}X_{ijk} - \frac{1}{rt}\sum_{i=1}^{r}\sum_{k=1}^{t}X_{ijk} + \frac{1}{rst}\sum_{i=1}^{r}\sum_{j=1}^{s}\sum_{k=1}^{t}X_{ijk}\right) \quad (3.6)$$

其次，使用式（3.7）计算误差效应平方和：

$$SS_E = \sum_{i=1}^{r}\sum_{j=1}^{s}\sum_{k=1}^{t}\left(X_{ijk} - \frac{1}{t}\sum_{k=1}^{t}X_{ijk}\right) \quad (3.7)$$

再次，使用式（3.8）计算交互效应检验统计量：

$$F_{HP} = (SS_{HP} / f_{HP})/(SS_E / f_E) \quad (3.8)$$

其中，f 为对应平方和的自由度，如果交互效应显著的话，那么 F_{HP} 将服从自由度为 (f_{HP}, f_E) 的 F 分布。

（2）确定专家决策抽取方案。

① 如果交互效应显著，则计算专家 i 针对计划 j 的交互仿真结果的均值 $\overline{R_{ij}}$。根据计划 j 的值，选取 $\overline{R_{\bullet j}}$ 最大值的决策方案，保存到知识库中。

② 如果交互效应不显著，但是专家效应显著，则计算不同专家

对所有生产计划决策结果的均值 Z_i：

$$Z_i = \frac{1}{st}\sum_{j=1}^{s}\sum_{k=1}^{t} X_{jk} \tag{3.9}$$

选取 Z_i 为最大的专家决策方案，保存到知识库中。

③ 如果交互效应不显著，且专家效应也不显著，则对每个专家决策数据按照式（3.10）进行计算：

$$Index_i = \frac{\sqrt{\sum_{j=1}^{s}\sum_{k=1}^{t}(X_{ijk} - \frac{1}{jk}\sum_{j=1}^{s}\sum_{k=1}^{t} X_{ijk})^2}}{\frac{1}{jk}\sum_{j=1}^{s}\sum_{k=1}^{t} X_{ijk}} \tag{3.10}$$

选取 $Index_i$ 最小的专家决策方案保存进知识库中。

3.7 本章小结

本章主要介绍了制造系统仿真模型和交互仿真模型的构建方法和内容。建立交互仿真模型旨在模拟生产现场的情况从而获取专家决策知识。由于仿真过程是一个随机过程，产生的数据不稳定，因此采用稳定判定算法对其进行稳定判断，并将决策知识进行保存。最后，本章对决策数据进行遴选，根据系统设置的指标遴选出最佳的专家换线决策知识样本，构建知识库，以供神经网络训练推理机和针对神经网络规则的抽取构建解释机制。

4　生产单元换线决策专家系统推理机设计

针对目前生产换线决策专家系统有效的规则抽取的局限性，本章介绍了混合神经网络的原理、类型和统推理策略，采用混合神经网络实现生产单元换线专家系统的推理机设计。

4.1 混合神经网络

混合神经网络是将智能算法和神经网络基本原理及技术集成的神经网络技术，主要包括小波神经网络、模糊神经网络、粒子群神经网络和遗传神经网络等[103]。

4.1.1 小波神经网络

1. 小波分析概述

小波分析是运用傅里叶变换的局部化思想，进行时空序列分析的一种数学方法。小波分析可用于分析和处理非平稳信号，有效表达信号的时频局域化性质，从而揭示信号在不同尺度上的时域行为特征。通过小波的压缩、放大和平移，人们可以根据不同的时频分辨率来研究信号的动力学行为，既能看到信号的全貌，又能了解信号的细节特征。

定义 1 $\forall \psi \in L^2(R)$，如果 $\psi(t)$ 的傅里叶变换 $\hat{\psi}(\omega)$ 满足

$$C_\psi = \int_{-\infty}^{+\infty} \frac{\left|\hat{\psi}(\omega)\right|^2}{|\omega|} \mathrm{d}\omega < \infty \tag{4.1}$$

则称 $\psi(t)$ 是一个基本小波（简称基小波）或小波母函数。

2. 小波神经网络的原理和模型

小波神经网络（Wavelet Neural Network，WNN）也叫小波网络，

是基于小波分析理论构造的一种新的前馈神经网络。小波神经网络充分利用小波变换良好的时频局域化性质，并结合传统人工神经网络的自学习功能，具有较强的逼近能力[104]。小波神经网络结构形式有以下两种：

（1）小波变换与神经网络的结合。

小波变换与神经网络的结合是指整个系统虽由小波变换和神经网络构成，但是两者之间相互独立，直接相连，故也称松散型结合，如图 4.1 所示。

（2）小波变换与神经网络的融合。

小波变换与神经网络的融合，也称紧致型结合。该模型用小波函数代替常规神经网络的隐层节点激励函数，分别用小波函数尺度参数和平移参数来代替输入层到隐层的权值及隐层阈值，如图 4.2 所示。

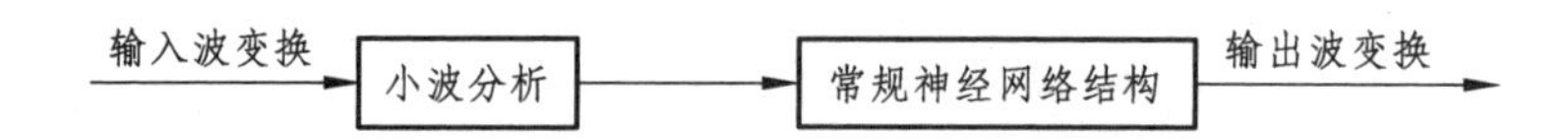

图 4.1　小波变换与神经网络的结合

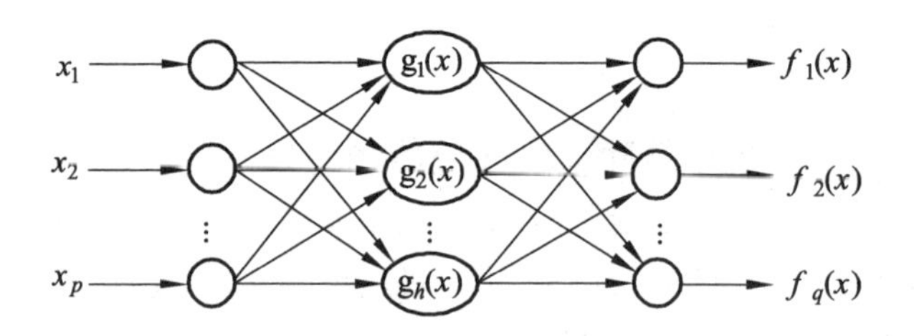

图 4.2　小波变换与神经网络的融合

4.1.2　模糊神经网络

1. 模糊理论概述

针对社会学和自然科学中存在大量模糊概念和模糊现象（如“大”“良好”“一般”等模糊信息）不能用传统的精确数学理论模

型来描述和解决的问题，专家学者进行了大量研究，从而产生了模糊理论（Fuzzy Theory）和模糊技术。模糊技术以模糊数学为理论基础，利用模拟控制专家和操作技师的经验，通过模糊控制软件，以最善于处理模糊问题的人脑思维方式，作出正确的判断。模糊理论采用了模糊集合的基本概念和连续隶属度函数的理论。模糊逻辑推理规则的最大优点是接受模糊现象存在的事实，将成员之间的关系表示成普遍的紧密的集合形式，而不需要精确的数学模型。

与传统的处理连续变量、基于规则的系统相比，模糊逻辑系统具有以下特点：

（1）模糊逻辑系统的优点。

① 建模。模糊逻辑不仅允许知识库中矛盾的存在，还可以对其进行建模。

② 自主性。与传统的基于规则的系统相比，模糊逻辑系统的系统鲁棒性和系统灵敏度之间不存在冲突，系统知识库中的规则彼此之间是完全独立的。

（2）模糊逻辑系统的缺点。

① 确认困难。在复杂情况下，要确认系统中正确的规则是否被触发是几乎不可行的，只能使用仿真来分析改善。

② 记忆。基本的模糊逻辑推理机制不能从错误中进行学习，也不具备记忆功能。另外，模糊逻辑没有优化系统效率的能力。

模糊推理系统中，利用模糊规则的形式来表示专家控制知识。模糊规则又称 IF-THEN 规则，其形式为

$$\text{IF } x \text{ 为 } A\text{，THEN } y \text{ 为 } B$$

模糊逻辑推理就是基于 IF-THEN 规则和已知事实得出结论的推理过程。最常应用的四种模糊推理机理分别为 Mamdani 推理、Larsen 推理、Tsukamtoo 推理和 Takagi-Sugeno 推理。模糊逻辑系统由模糊产生器、模糊规则库、模糊推理机和反模糊化器四部分组成，如图 4.3 所示。

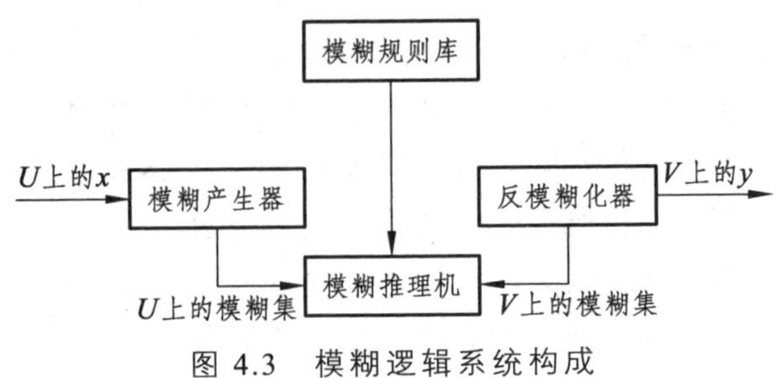

图 4.3 模糊逻辑系统构成

2. 模糊神经网络

模糊神经网络是模糊理论和神经网络相互混合的一种神经网络模型[105]，该模型的模型示意图如图 4.4 所示。模糊神经网络共分为四层，分别是输入层、隶属度函数生成层、推理层和反模糊化层。其中，隶属度生成函数为

$$u_{ij} = \exp\left[-\frac{(x_i - m_{ij})^2}{\sigma_{ij}^2}\right], \quad 1 \leqslant i \leqslant n, 1 \leqslant j \leqslant m \tag{4.2}$$

式（4.2）中，$\mu_{ij}, m_{ij}, \sigma_{ij}$ 与隶属度函数生成点的各节点相对应。

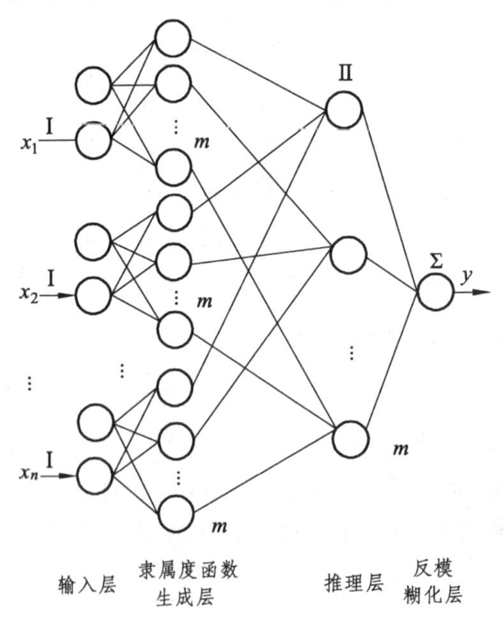

图 4.4 模糊神经网络模型

推理层各节点的输出分别为该节点所有输入的代数乘积，最终的反模糊化输出为

$$y=\omega_1\pi_1+\omega_2\pi_2+\cdots+\omega_m\pi_m \tag{4.3}$$

式（4.3）中，$\pi_j=\mu_{1j}\mu_{2j}\cdots\mu_{nj}=\prod_{i=1}^{n}\mu_{ij}(1\leqslant j\leqslant m)$。

4.1.3 遗传神经网络

1. 遗传算法概述

1975年，美国密执安大学的心理学教授 John Holland 提出了遗传算法（Genetic Algorithm，GA），它是模拟生物进化过程与机制求解问题的自组织与自适应的人工智能技术，是一种借鉴生物界自然选择和遗传机制的随机化搜索算法。GA 算法将生物界中自然选择、优胜劣汰、适者生存的思想抽象成复制、交叉、变异等算子，将目标函数转换为适应度函数，并利用适应度函数表示染色体，通过种群的不断“更新迭代”，从而提高每代种群的平均适应度，再通过适应度函数引导种群的进化，并在此基础上将最优个体代表问题解逼近问题的全局最优解。遗传算法包含参数编码、初始群体设定、适应度函数设计、遗传操作设计和控制参数设定五大基本要素，其基本流程如图4.5所示。

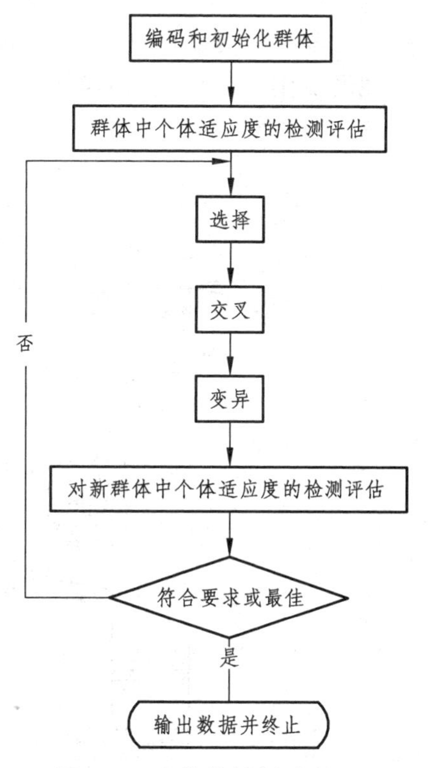

图 4.5　遗传算法基本流程

2. 遗传神经网络模型

遗传神经网络是遗传算法和神经网络相互混合的一种神经网络模型[106]。神经网络的参数主要有网络层数、每层单元数和单元间的互联方式等。设计神经网络结构需要根据性能评价准则确定适于解决某个或某类问题的参数组合，采用人工的方法设计神经网络是比较困难的。与此同时，随着神经网络应用逐渐趋于大规模化、复杂化，人工设计网络的方法更加难以解决问题。遗传算法刚好为其提供了一条的途径，可以很好地设计网络结构。此外，遗传算法还可用于学习神经网络的权重，即用遗传算法取代一些传统的学习算法。不过，要使用遗传算法合并求解神经网络的结构优化和权值学习问题，对计算机的处理能力有极高的要求。并且，随着需解决处理系统问题的复杂性不断增加，利用传统的遗传算法中中串的形式来表达复杂系统的规律性越发困难。遗传算法采用树形结构的表达方式，虽然可以表示问题中的层次性，但却不能准确反映系统中的反馈信息。因此，可以借助目前研究比较成熟的多层前馈神经网络作为遗传搜索的问题表示方法。遗传算法与神经网络的结合示意图如图 4.6 所示。

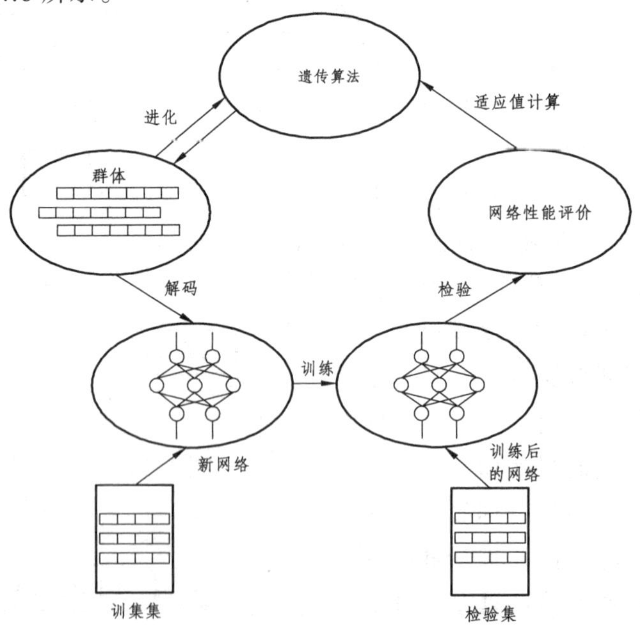

图 4.6　遗传算法与神经网络结合示意图

本节介绍的三种混合神经网络功能特性各有侧重，可根据实际情况进行选择，参见表 4.1。从表 4.1 中可以看出，遗传神经网络不仅可用于学习神经网络的权重（即用遗传算法取代一些传统的学习算法），还能解决神经网络应用逐渐趋于大规模化、复杂化的问题，为其自动设计网络结构。基于上述因素，本章将利用遗传神经网络进行推理机构建。

表 4.1 三种混合神经网络的功能特性比较

名称	功能特性	共同特点
小波神经网络	1. 小波基函数及整个网络结构的确定理论充足，使网络结构设计明确可靠； 2. 网络权值和基函数之间的线性关系避免了网络在训练时陷入局部最优的缺陷，且加快了收敛速度； 3. 具有很强的学习和逼近能力； 4. 学习目标函数关于权值是凸的，因此全局极小解唯一	1. 优化神经网络学的训练、学习和泛化能力； 2. 尽量避免网络在训练时陷入局部最优的缺陷，加快了收敛速度； 3. 以高性能计算技术为手段，运用计算数学提供的各种方法形成智能集成算法解决工程问题
模糊神经网络	1. 矛盾建模：模糊逻辑不仅允许知识库中矛盾的存在，还可以对其进行建模； 2. 系统自主性：与传统的基于规则的系统相比，模糊逻辑系统的系统鲁棒性和系统灵敏度之间不存在冲突，系统知识库中规则彼此之间是完全独立的； 3. 系统确认困难：在复杂情况下，要确认系统中正确的规则是否被触发是几乎不可行的，因此只能使用仿真来分析改善； 4. 缺乏记忆：基本的模糊逻辑推理机制不能从错误中自行学习，也不具备记忆功能且模糊逻辑没有优化系统效率的能力	
遗传神经网络	1. 采用网络连接权重的实属编码在一定程度上克服了二进制编码的不足； 2. 遗传算法中的选择、交叉、变异等操作都是以一种概率方式来进行，不是确定的精确规则，增加了神经网络训练过程的灵活性； 3. 遗传算法的全局收敛性和 BP 神经网络算法局部搜索的快速性使其能更加有效地应用于神经网络的学习中； 4. 遗传算法和神经网络可以自由组合，通用性较好	

4.2 推理机的构建

推理是根据一定的原则从已知的事实推出新的事实的思维过程，实质上就是问题求解的过程。从另一角度，可以把问题的求解过程描述为，在与问题有关的状态空间中应用规则和相应的控制策略，搜索出一条从开始状态到目标状态的路径。因此，在利用遗传神经网络构建换线决策专家系统推理机的设计中，把推理与求解看作是同一过程，把直接求解和逐步搜索视为求解问题的不同策略。

4.2.1 推理控制策略

推理包括两个基本内容：知识运用的推理方式和知识选择的推理策略[95]。推理策略主要解决整个问题求解过程中的知识选择和应用顺序（即决定先做什么，后做什么），并根据问题求解的当前状态分别进行不同的工作。一旦出现异常情况，还能知道如何处理异常。目前混合神经网络专家系统中，常用的推理策略包括冲突消解策略、正向推理策略、反向推理策略、混合推理策略和双向推理策略。

1．冲突消解策略

冲突消解策略解决如何在多条可用知识中，合理地选择一条知识的问题。其基本任务是决定下一步该做什么，即选择哪些知识，完成哪些操作，进一步通过操作来修改和增加全局数据的内容，直到问题求解完毕。在问题求解的每个状态下，一条知识的可用与否，取决于这条知识的条件部分与问题求解的当前数据库中内容的匹配度，即使匹配，知识的最终选择和运用要由推理机确定。冲突消解策略采用深度优先策略或广度优先策略，基本思想是：先试用一条知识，如果这条知识在运用过程中出现失效，再回溯其他知识。

由此可见，这种策略在专家系统的问题求解过程中是低效的，这是由于:① 随着问题复杂性的增加,企图试探每一种可能的求解路径，知识的检索和选择会出现“组合爆炸”，在有限时间内甚至可能给不出解；② 有些实际问题（如病人急诊、生产过程实时监控等），对求解的响应速度要求非常高，根本不允许试探各种可能求解路径后再给出问题的解。

简单冲突消解策略是将多条知识按优先级排序。排序策略大致有以下几种：

（1）专一性排序。如果一条知识比另一条知识更具体，即一条知识的条件部分是另一条知识条件的弱化，则弱化知识比强化知识具有更高的优先级。

（2）知识库组织次序排序。根据知识在知识库组织中的顺序决定优先级的次序。在问题求解中，一旦一条知识为可用知识即可立即选择该知识，并进行下一环节的推理。

（3）数据排序。把知识条件部分的所有条件项按优先级的次序组织，可用知识的次序由这些知识所含条件的字典排序方法进行选择。

（4）就近排序。这种策略有一个动态修改知识优先级的算法，把最近使用的知识标记为最高优先级。

（5）分块组织。知识库的组织按它们所对应的问题求解状态进行分块（或分组）。在问题求解过程中，只能从相应的知识库中去选择可用知识。

（6）数据冗余。当一条知识的操作产生冗余事实时，则这条知识的优先级降低。冗余事实越多，优先级越低。若产生的事实全部为冗余事实时，则该条知识为不可用知识。

2．正向推理策略

正向推理是从原始信息向相应结论方向进行的推理，也称自底向上推理、数据驱动推理模式制导推理或前向推理等。正向推理的基本思想是：对神经网络专家系统的输入层加载原始数据或经编译后的数据向量 X，由此出发正向运算，直到系统最上层网络的输出层获得输出向量 D，并由反编译器解释这一向量，获得概念性的结论。一般而言，实现正向推理应具备一个存放当前状态的数据库（DB）、一个存放知识的知识库（KB）以及一个推理机。

正向推理的工作程序为：① 用户将编译后的与求解问题有关的信息（事实）存入数据库；② 推理机根据这些信息（事实），从知识库中选择合适的知识，得出新的信息（事实）存放至数据库；③ 再根据当前状态选用知识；④ 如此反复执行程序，直到给出问题的解。

正向推理的步骤为：

① 将编译后的与求解问题有关的信息数据和来自下层子网的输出数据加载到输入层各结点；

② 按 $x_i = \sum \omega_{ij} a_j$ 计算输入层结点的输入；

③ 由传输函数计算隐层结点和输出结点的活跃值；

④ 由阈值判定输出层结点的输出。

$$d_i = \begin{cases} 1, & y_i \geqslant \theta_i \\ 0, & \text{其他} \end{cases}$$

正向推理推理一般有两种结束条件：① 求出一个符合条件的解救结束；② 将所有解都求出才结束。其基本算法可描述为：

```
Procedure Data_Driver(KB,DB)
L1  S ← Scanl(KB,DB)
While (NOT(S=∅)) AND Solving_flag=0  DO
R:=Conflict_Resolution(S)
        Excute(R)
        S ← Scanl(KB,DB)
EndWhile
IF(S=∅)) AND Solving_flag=0
THEN  Ask_User_Input(DB)
GoTo  L1
END
```

程序中，函数 Scanl(KB,DB) 的功能是扫描知识库（KB），返回一个与数据库（DB）匹配的可用知识集；Solving_flag=0 标志着系统尚未给出解；Couflict_Resolution(S)是冲突消解策略，它返回一条启用知识，返回到 R；Excute(R)是执行知识 R 的操作部分，修改数据库 DB；函数 Ask_User_Input(DB)是请求用户给出新的问题信息。

正向推理的一个图解实例如图 4.7 所示。

正向推理策略的优点是用户可以主动提供问题的有关信息，可以对用户输入的事实作出快速反应。正向推理的缺点是知识启用与执行的目的性不强，求解中可能要执行许多与问题求解无关的操作，导致推理过程效率低。

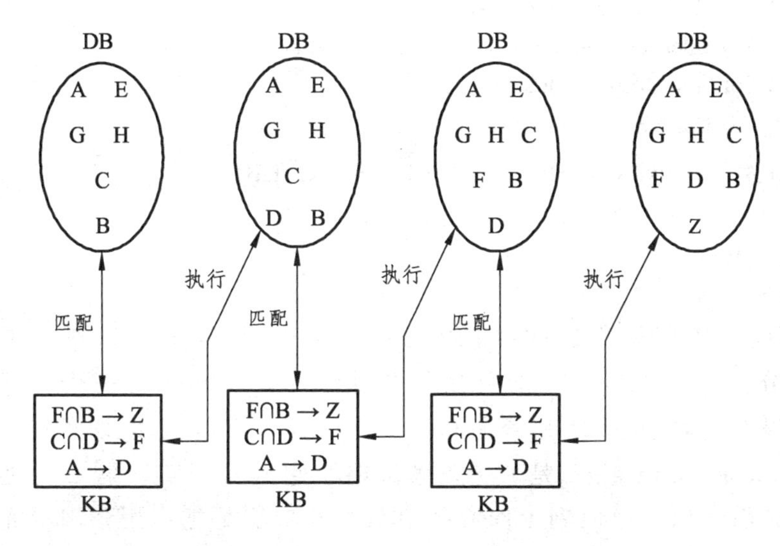

图 4.7 正向推理过程

3. 反向推理策略

反向推理是由目标出发，为验证结论而寻找根据，是正向推理的反过程，也称为自顶向下推理、目标驱动推理、后向链推理、目标制导推理或后向推理等。反向推理策略的基本思想为：先假设一个目标，然后在知识库中找出那些结论部分导致这个目标的知识集，再检查知识集中每条知识的条件部分：如果某条知识的条件中所含有的条件项均能通过用户会话得到满足，或者能被当前数据库的内容所匹配，则把该条知识的结论添加到当前数据库中，从而该目标被证明。否则，把该条知识的条件项作为新的子目标，递归执行上述过程，直至各“与”

关系的子目标全部出现在数据库中，或者“或”关系的子目标有一个出现在数据库中，从而目标被求解。如果直至子目标不能进一步分解时数据库不能实现上述匹配，则说明这个假设目标为假，系统将提出新的假设目标。

反向推理策略基本算法可描述为：

```
Procedure Goal_Driver(G,KB)
  S ← Scan2(G,KB)
IF(S=∅) THEN Ask_User(G)
Else While(G is Unkown)AND(NOT (S=∅)) DO
R:Conflict_Resolution(S)
G' := LRS(R)
IF (G' is Unkown) THEN Call Goal_Driver(G',KB)
IF(G' is True) THEN Excute(R) AND S: = S − R
EndWhile
END
```

程序中，函数 Scan2(G,KB) 的功能是扫描知识库，找出其结论部分能导出目标 G 的可用知识集；Ask_User(G)是一个人机交互过程，用以验证 G 是否为真，或询问是否有能证实 G 的信息；Couflict_Resolution(S)是冲突消解策略，它从可用知识集 S 中返回一条启用知识，返回到 R；函数 LRS(R)的功能是把启用知识 R 的条件部分的条件项作为子目标；函数 Excute(R)的功能是执行知识 R，把其结论部分加入到数据库中。反向推理的一个图解实例如图 4.8 所示。

反向推理策略的优点是推理过程方向性强，不用寻找和不必使用那些与假设目标无关的信息和知识。这种策略对它的推理过程提供明确解释，告诉用户所要达到的目标以及为此而使用的知识。另外，反向推理策略在求解空间较小的环境下尤为适用。

反向推理策略的不足之处体现为初始目标的选择较为盲目，不能通过用户自愿提供的有用信息来操作。对于求解空间较大、用户要求作出快速响应的问题领域，反向推理难以胜任。

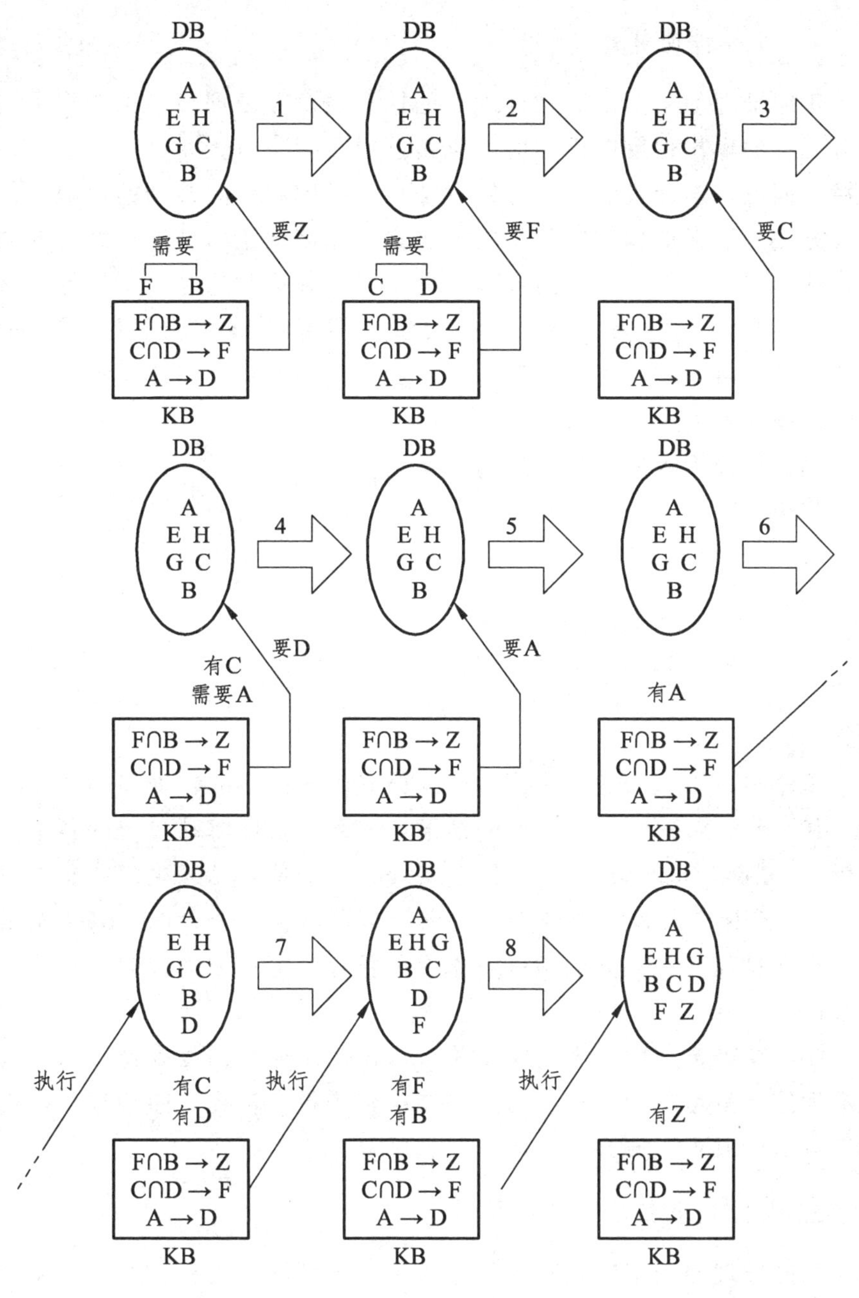
DB
A
E H
G C
B
1
要Z
需要
F B
F∩B → Z
C∩D → F
A → D
KB
2
要F
C D
3
要C
4
要D
有C
需要A
5
要A
6
有A
7
E H G
B C
D
F
8
E H G
B C D
F Z
执行
有D
有F
有B
有Z

图 4.8　反向推理过程

4．混合推理策略

正向推理的主要缺点是推理目的性不强，在推理当中可能作了与求解无关的操作；反向推理的缺点是选择目标盲目，尤其是初始目标选择；而混合推理策略是一种结合了正向推理和反向推理的优缺点的有效方法。混合推理策略的基本思想为：先使用正向推理帮助选择初始目标，即从已知事实中演绎出部分结果，并据此选择一个目标；然后通过反向推理求解该目标。在求解这个目标时又会得到用户提供的更多信息，再次使用正向推理，求得更接近的目标。如此反复应用，直到问题求解为止。

混合推理策略的算法描述为：

```
Procedure Alternate (KB,DB)
        Repeat
        Goals ← Data_Driver(KB,DB)
        G : =Choose_Goal(Goals)
        P ← Goal_Driver(G,KB)
      until  P is true
  END
```

程序中，Data_Driver(KB,DB)过程根据用户提供的数据和信息（在DB 中）得到部分结果，这部分结果可能含有目标驱动过程的各个子目标；Choose_Goal(Goals)过程利用 Goals 中的部分结果决定或猜测总目标，所选择的总目标至少与这些部分结果相容；Goal_Driver(G,KB)是反向推理过程，它一方面检验所选择的目标，另一方面询问用户输入更多信息。

在不精确推理中，有时正向推理求出的结论可信度太低，采用混合推理控制策略，把可信度台地的结论作为目标，再反向推理，以提高其可信度或否定放弃。

5．双向推理策略

双向推理控制策略是正向推理和反向推理同时进行，并且希望在推理过程的某一个步骤上“结合”。双向推理策略的基本思想为：根据已知信息和数据进行正向推理，但并不直接推到最终目标；同时又从某一假设目标出发进行反向推理，也不直接使每个子目标完全匹配，而是希望两种推理在原始证据和目标之间的某个中间结论上“结合”起来。这样的“结合”表明正向推理得出的中间结论满足了反向推理的数据要求，标志着推理结束，双向推理成功。

双向推理策略的实现较为困难，一方面是由于正向推理与反向推理比重权衡问题，也就是如何权衡的问题。若出现极端情况，这种推理将退化为纯正向推理或纯反向推理，失去了双向推理的优点。另一方面是“结合”的判定问题，根据正向推理的中间结论去判定是否有某个总体目标被满足，是一个相当复杂的问题。在神经网络专家系统中，由于证据不完全或不精确，所以这种“结合”非常困难。

在实际应用中，通常将正向推理控制策略、反向推理控制策略、混合推理控制策略和双向推理控制策略分别用 R1、R2、R3、R4 表示，并把这四种推理控制策略封装在控制策略规则库中，在选择推理控制策略时兼顾推理效率与推理结果，运用推理策略选择方法找出最佳的推理策略进行推理。

4.2.2 推理策略选择方法

推理机是构建专家系统的前提。生产单元换线决策专家系统采用遗传神经网络算法进行知识的推理，其工作过程为：首先判定控制策略变量的形式，然后借鉴范例检索的方法从给定的推理策略规则库中检索和选择出最为相似的策略，这决定了推理机推理的性能。规则间的相似度量是检索的关键。在混合神经网络间相似性度量的评估中，通常是建立一个相似性计算函数对当前策略规则与原策略规则进行比较。下面介绍常用的相似性度量函数。

1. Tversky 对比匹配函数

$$T_{nk}=\frac{(A^n\cap A^k)}{(A^n\cup A^k)-(A^n\cap A^k)} \tag{4.4}$$

Tversky 对比匹配函数属于几率模型的度量方法，式（4.4）是其相似性度量的定义。其中，A^n 和 A^k 表示规则 n 和规则 k 属性全集，T_{nk} 表示 n 和 k 之间的相似度。这种相似法适用于属性可以用二进制表示的应用领域。

2. 改进的 Tversky 匹配函数

$$S_{nk}=\frac{\sum_{i=1}^{m}\omega(n,\ i)\cdot\omega(k,\ i)\cdot V_{nk}^{i}}{\sum_{i=1}^{m}(\omega(n,\ i))^2\sum_{i=1}^{m}(\omega(k,\ i))^2} \tag{4.5}$$

式（4.5）中，$\omega(n,\ i)$、$\omega(k,\ i)$分别表示第 i 个属性在规则 n、规则 k 中的权值，V_{nk}^{i} 表示规则 n 和规则 k 的第 i 个属性的相似度，m 表示规则 n 和规则 k 的所有属性的个数，S_{nk} 为相似度。

改进的 Tversky 函数考虑了属性集中的各属性对于两个规则具有不同的权值。对于属性集相同的规则，可以使用这种方法求相似度；对于属性集不同的两个规则，可以将属性集设置为两个规则的并集，规则 k 有而规则 n 没有的将 $\omega(n,\ i)$ 设为 0，反之亦然，这样就可以求得规则 k 和规则 n 的相似度。

3. 最邻近算法（k-Nearest Neighbor，k-NN）

最邻近算法通过两个对象在特征空间中的距离来获得两个规则间的相似性。

假设规则 $X=\{X_1,X_2,\cdots,X_n\}$，$X_i(1\leqslant X\leqslant n)$是其特征值，$W_i$ 是其权重，X 是 n 维特征空间 $D=(D_1*\cdots*D_n)$ 上的一点，$X_i\in D_i$。对于 D 上的 X，Y，其距离为

$$\text{Dist}\ (X,Y)=\ (\sum\nolimits_i W_i\times D(X_i,\ \ Y_i)^r)^{\frac{1}{r}} \tag{4.6}$$

式（4.6）中，$D(X_i, Y_i)=\begin{cases}|X_i - Y_i| & 若D_i是连续的 \\ 0 & 若D_i是离散的，且X_i = Y_i \\ 1 & 若D_i是离散的，且X_i \neq Y_i\end{cases}$

式（4.6）中，当 r 为 2 时，则 $Dist(X,Y)$ 为欧拉距离。除了常用的欧拉距离、曼哈顿距离、无限模距离外，还有其他的距离度量函数，如 Hausdorff，Minkowsky，Hamming，Mahalanobis 等。

$$Sim(X, Y)=1-Dist(X,Y)=1-\sqrt{\sum_i W_i D^2(X_i, Y_i)} \quad （4.7）$$

式（4.7）使用的是欧拉距离的相似度定义。

$$Sim(X, Y)=1-Dist(X,Y)=1-\sum_i W_i D(X_i, Y_i) \quad （4.8）$$

式（4.8）使用的是 Hamming 距离度量法。

4. 多参数的相似性计算

两个规则 p 和 p' 的相似性计算，考虑了多个因素，公式如下

$$Sim(p, p')=\frac{\alpha \cdot Attrsim(p, p')+\beta \cdot Addsim(p, p')+\gamma \cdot Contsim(p, p')}{\alpha+\beta+\gamma} \quad （4.9）$$

式（4.9）中，Attrsim，Addrsim，Contsim 分别是计算两个规则 p 和 p' 之间的上属性、地址、下文相似性的计算函数；而 α, β, γ 是用户为代表权值定义的参数。

在选择推理策略方法时，运用多参数相似性计算方法，以 $Max\{Sim_{R1}(p, p'), Sim_{R2}(p, p'), Sim_{R3}(p, p'), Sim_{R4}(p, p')\}$ 作为选择的控制策略，其中 $Sim_{R1}(p, p'), Sim_{R2}(p, p'), Sim_{R3}(p, p'), Sim_{R4}(p, p')$ 分别表示 R1，R2，R3 和 R4 的多参数相似性，即正向推理控制策略、反向推理控制策略、混合推理控制策略和双向推理控制策略的相似性值。

4.2.3 神经网络权值学习的遗传算法

神经网络权值学习的遗传算法利用神经网络与遗传算法合作式

的结合方式，固定神经网络的拓扑结构，利用遗传算法决定网络连接权重（包括权值和阈值）。

1. 编码方式

神经网络学习采用实数编码的方式，从而避免采用二进制编码造成编码串过长，且需要再解码为实数，使权值进一步变化，影响网络学习精度。神经网络的各个权值按一定的顺序级联为一个长串，串上的每一个位置对应着网络的一个权值。编码串按照从下到上、从左到右的顺序排列，编码示意图如图 4.9 所示。

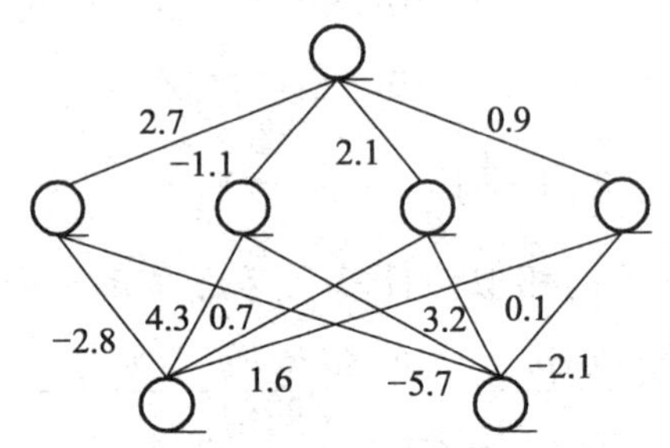

图 4.9 神经网络学习问题的编码方式

2. 评价函数

将染色体上表示的各连接权值按照对应方式分配到给定的网络结构中，网络以训练集样本为输入输出，运行后返回均方误差 mse，找到最大的 mse，表示为 $mse_{\max}$。染色体的评价函数选为如下形式。

$$mse = \frac{1}{N_{sample}} \sum_{n=1}^{N_{sample}} \frac{(Y-y)^2}{2} \tag{4.10}$$

$$fitness = \frac{1}{1+mse_{\max}} \tag{4.11}$$

其中，mse 为网络的均方误差；N_{sample} 为训练样本总数；Y 为网络输出；

y 为样本实际输出；*fitness* 为编码串对应的适应度函数，即评价函数。当 *fitness* 在一定程度上接近 1 时，即被认为达到网络的精度要求。

3. 初始化过程

初始染色体集中，网络的各权值按照下式随机确定：

$$p_{intial} = \pm \exp(-|\gamma|),\ |\gamma| < 4 \tag{4.12}$$

面向神经网络权值学习的遗传算法的这种随机分布的取法是通过大量实验得出的。采用上述算法的原因是使遗传算法能够搜索所有存在可行解的范围。

4. 选择算子

采用联赛选择、适应度评价的方法选择进行遗传操作的个体。当程序开始时，从初始群体中选出适应度最高的两个个体进行遗传操作，并用联赛选择的方式对遗传操作结束后的个体进行筛选，保留最优个体。接下来重新产生初始群体，按适应度评价准则选出最优个体，和上一步保留的最优个体重新组成进行遗传操作的两个个体，如此迭代此过程，直到达到要求的迭代次数。联赛选择的方法比其他选择方法收敛更快，被认为是一种改进的选择方法。联赛选择规模为 2 时，也可以按照排序方式进行选择操作。对于十进制编码遗传算法，可以采取三种不同的方式进行选择操作，即最优个体和最差个体配对方式（Best-Mate-Worst，BMW）、相邻个体配对方式（Adjacent-Fitness-Pairing，AFP）和皇帝选择配对方式（Emperor-Selective，EMS），如图 4.10 所示。

5. 交叉操作

染色体的每个个体采用浮点数编码，交叉操作经常采用全概率算术交叉。例如，对于要进行交叉的两个父代个体 P_1 和 P_2，可以采用 $(P_1+P_2)/2$，$(2P_1+P_2)/3$，$(P_1+2P_2)/3$ 等交叉方式，如图 4.11 所示。

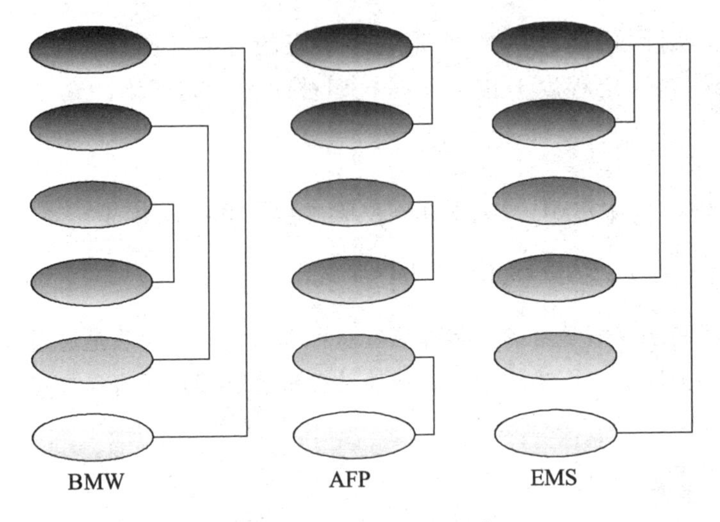

图 4.10　三种选择方式

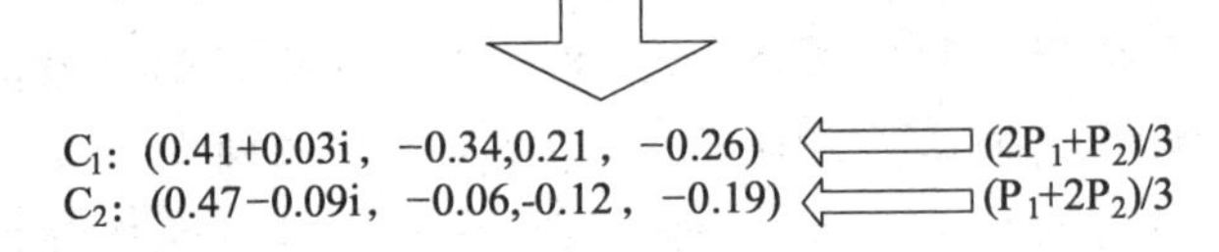

图 4.11　十进制交叉范例

6. 变异操作

对于子代染色体中的每个权值输入位置，变异算子以变异概率在初始概率分布中随机选择一个值，然后按下式进行变异操作：

$$p^{g+1} = p^{g} + \alpha\sqrt{fitness}\,\mu(0,1) \tag{4.15}$$

其中，$\alpha \in [-1,1]$为一个系数，$fitness$为被选择个体的适应度，$\mu(0,1)$为高斯算子。

7. 采用自适应交叉概率和变异概率

交叉概率P_c和变异概率P_m的大小对遗传算法的性能有很大影响，在理想情况下，P_c和 P_m的取值应在算法运行过程中随着适应值的变化而自适应改变。

8. 采用遗传算法和 BP 算法混合的技术

综合遗传算法的全局收敛性和 BP 算法局部搜索的快速性，使其更加有效地应用于神经网络的学习中。本算法中，先使用遗传算法反复优化神经网络的权值，直到相邻两次优化过程中均方误差的差值不再有意义的变化为止，此时解码得到的参数组合已经充分接近最佳参数组合，在此基础上再利用 BP 算法对其进行微调。遗传神经网络的算法流程图如图 4.12 所示。

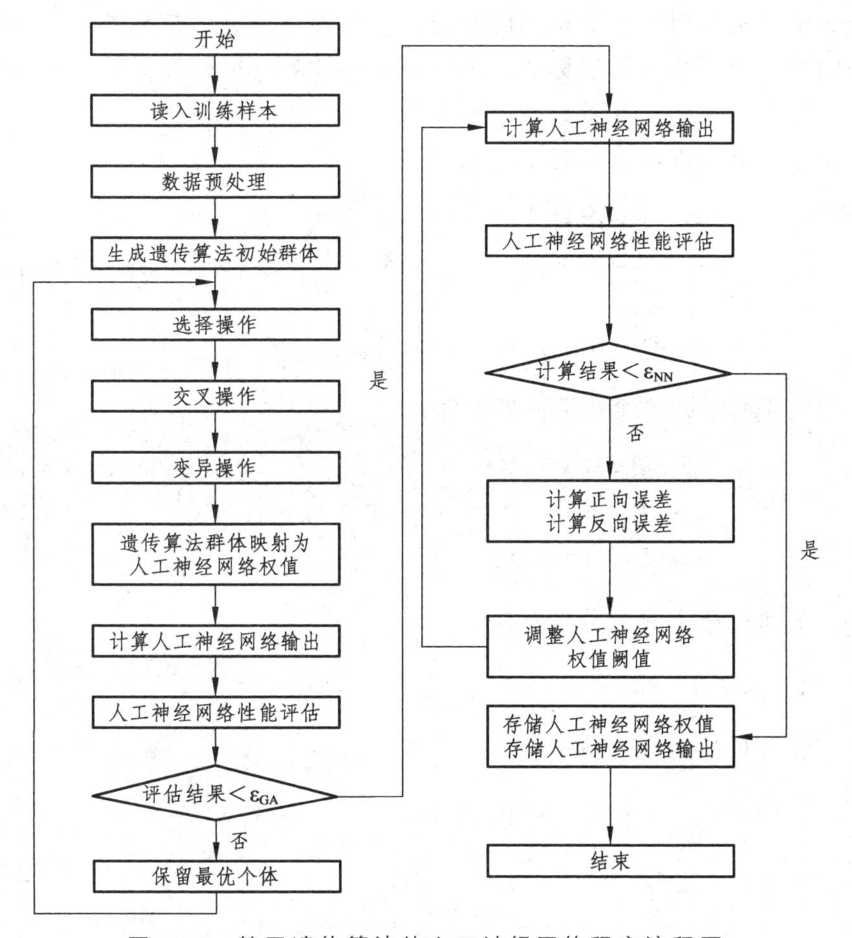

图 4.12　基于遗传算法的人工神经网络程序流程图

4.2.4 主成分分析

知识库存储的生产状态矢量是一个具有高相关性的样本集，因此需要对知识库中存在的生产状态矢量进行降维。本节采用主成分分析技术进行降维操作。

主成分分析（Principal Component Analysis，PCA）技术表述如下[107-109]：

假设有 p 个指标，即 p 个随机变量，记为 X_1，X_2，…，X_p，主成分分析就是要把这 p 个指标的问题，转变为讨论 p 个指标的线性组合的问题。而这些新的指标 F_1，F_2，…，F_k（$k \leqslant p$）按照保留主要信息量的原则反映原始变量，并且相互独立。

主成分分析可以通过下式描述：

$$\begin{aligned} F_1 &= u_{11}X_1 + u_{21}X_2 + \cdots + u_{p1}X_p \\ F_2 &= u_{12}X_1 + u_{22}X_2 + \cdots + u_{p2}X_p \\ &\cdots \\ F_p &= u_{1p}X_1 + u_{2p}X_2 + \cdots + u_{pp}X_p \end{aligned} \tag{4.16}$$

式（4.16）必须满足下列条件：

$$u_{1i}^2 + u_{2i}^2 + \cdots + u_{pi}^2 = 1 \tag{4.17}$$

$$Cov(F_i, F_j) = 0,\ 其中，i,\ j \in \{1,2,\cdots,p\}且 i \neq j \tag{4.18}$$

$$Var(F_1) \geqslant Var(F_2) \geqslant \cdots \geqslant Var(F_p) \tag{4.19}$$

下面介绍主成分分析算法。

1. 求解第一主成分

设 X 的协方差阵为：

$$\sum x = \begin{bmatrix} \sigma_1^2 & \sigma_{12} & \cdots & \sigma_{1p} \\ \sigma_{21} & \sigma_2^2 & \cdots & \sigma_{2p} \\ \vdots & \vdots & & \vdots \\ \sigma_{p1} & \sigma_{p2} & \cdots & \sigma_p^2 \end{bmatrix} \tag{4.20}$$

由于 $\sum x$ 为非负定的对称阵，则存在一个正交阵 U，使得

$$U'\sum xU=\begin{bmatrix}\lambda_1 & \cdots & 0\\ \vdots & \cdots & \vdots\\ 0 & \cdots & \lambda_p\end{bmatrix} \tag{4.21}$$

其中，λ_1，λ_2，…，λ_p 为 $\sum x$ 的特征根，设 $\lambda_1 \geqslant \lambda_2 \geqslant \cdots \geqslant \lambda_p$，则第一主成分表示为：

$$F_1=a_{11}X_1+\cdots+a_{p1}X_p=a'X \tag{4.22}$$

第一主成分的方差为：

$$V(F_1)=\sum_{i=1}^{p}\lambda_i a'u_i u_i' a=\lambda_1 a'UU'a=\lambda_1 a'a=\lambda_1 \tag{4.23}$$

求解第一主成分的过程，即首先求解出 X 的协方差矩阵，然后对协方差矩阵进行正交分解，分解出的最大特征值对应的特征向量即为第一主成分系数。

2. 求解第二主成分

在约束条件 $\mathrm{cov}(F_1,F_2)=0$ 下，将第二主成分表示为：

$$F2=u_{12}X_1+\cdots+u_{p2}X_p \tag{4.24}$$

由于

$$\mathrm{cov}(F_1,F_2)=\mathrm{cov}(u_1'x,u_2'x)=u_2'\Sigma u_1=\lambda_1 u_2'u_1=0 \tag{4.25}$$

$$\begin{aligned}V(F_2)&=u_2'\sum u_2\\&=\sum_{i=1}^{p}\lambda_i \boldsymbol{u}_2'\boldsymbol{u}_i\boldsymbol{u}_i'\boldsymbol{u}_2=\sum_{i=1}^{p}\lambda_i(\boldsymbol{u}_2'\boldsymbol{u}_i)^2\leqslant\lambda_2\sum_{i=2}^{p}(\boldsymbol{u}_2'\boldsymbol{u}_i)^2\\&=\lambda_2\end{aligned} \tag{4.26}$$

则正交分解的协方差矩阵次大的特征值对应的特征向量即为第二主成分系数。

因此，第 n 主成分系数为第 n 大特征值对应的特征系数。

4.2.5 基于主成分分析和遗传神经网络的推理机构建

生产单元换线决策专家系统在设计推理机过程中，需要明确训练样本和测试样本的大小。本节首先使用交互仿真获取专家知识，采用主成分分析技术对样本生产状态矢量进行降维，然后对遗传神经网络进行训练，对于控制策略矢量中的多模式变量进行融合分类，最后利用样本进行推理机构建。

1. 对生产状态矢量进行降维

为了不损伤专家决策的信息量，交互仿真保存了高维的专家决策数据，造成了生产状态矢量的高度相关性，同时增加了神经网络的计算量。因此，生产换线专家系统需要对生产状态矢量进行降维。

首先，对生产状态矢量值进行标准化操作，以使每一个变量的均值为 0，方差为 1。

$$\gamma_i^* = \frac{\gamma_i - E(\gamma_i)}{\sqrt{D(\gamma_i)}} \tag{4.27}$$

其中，γ_i 是要降维的变量，γ_i^* 是降维后的变量，$E(\gamma_i)$ 是 γ_t 的均值，$D(\gamma_i)$ 为变量的方差。

然后，对知识库中存在的生产状态矢量进行主成分分析，计算累计方差的贡献率达到 95%以上的主成分系数。

最后，计算主成分系数对部分生产状态变量的载荷。如果所有的主成分系数对某个生产状态矢量的载荷系数全部为负数的话，说明主成分系数对该生产状态矢量的载荷不足，需要将此生产状态变量保留。

2. 推理机的构建

使用遗传神经网络对生产状态矢量进行分类，需要确定训练样本与测试样本的大小。

（1）确定训练样本大小

对于具有推广能力的神经网络，所需要的训练样本大小与维度 n 有关，可在区间 $\left[\max\left[\frac{1-\theta}{\theta}\ln\left(\frac{1}{\alpha}\right),d_n(1-2(\theta(1-\alpha)+\alpha))\right],\right.$ $\left.\max\left[\frac{4}{\theta}\log_2\left(\frac{2}{\alpha}\right),\frac{8d_n}{\theta}\log_2\left(\frac{13}{\theta}\right)\right]\right]$ 中选择。其中，θ 表示神经网络的真实错误率，d_{n} 表示维，$1-\alpha$ 表示置信水平。

（2）选择测试样本

为反映神经网络在各个水平的预测能力，需要选择能够反映各个水平的样本作为测试样例。同时，为了减少预测结果的均值和方差的误差，需要保证测试样例的数量远远小于训练样例的数量。基于此，利用四折交叉验证技术选择测试样本：首先将收集的数据集等分成四份，将其中的三份进行训练，剩余一份进行测试，重复此过程四次；然后选取 *mse* 最小的分组方案作为专家决策系统的训练样本和测试样本。

生产单元专家决策是指专家为了达到一定的生产目标，根据领域知识和生产现状，对生产中的控制策略矢量进行判别的过程。一般来说，这些控制策略矢量是混合性（离散、连续和布尔）数据，而混合神经网络对多模式的变量进行分类的时候，会出现精度不够的问题。为了校正多模式分类问题中出现的精度问题，生产换线专家系统的推理机首先选择遗传神经网络，运用遗传神经网络完成由生产状态矢量到控制策略矢量的非线性映射，接着利用 Fisher 分类技术完成控制策略矢量中离散变量的二次线性映射。这样既可以解决 Fisher 分类器在处理非线性分类时的不足，又可以解决遗传神经网络在处理离散分类时的精度不高的问题。下面介绍生产换线专家系统推理机的工作过程。

①使用知识库数据对混合神经网络进行训练，获得最佳网络。对于控制策略中的布尔型变量，使用此最佳网络进行分类。

②使用最佳网络对知识库中现有的生产状态矢量数据进行分类。

③对于控制策略矢量中的离散型变量（多模式变量），使用第②步的分类结果和对应的知识库中控制策略的值，组成新的训练样本 $\{(y_1, r_1), (y_2, r_2), \cdots, (y_j, r_j)\}$，进行 Fisher 分类。控制策略矢量中的离散变量用 d 表示，其实际值用 r_j 表示，对应的输出层神经元预测值用 y_j 表示，根据控制策略变量决定分类模式的数量并构建 Fisher 分类器。

$$\text{Fish}_i(Y) = c_i^T Y = c_{i1} y_{i1} + c_0 \tag{4.28}$$

其中，i 代表 Fisher 分类的模式，c 是 Fisher 分类系数，c_0 是 Fisher 分类的常数项。

当神经网络对控制策略中的布尔变量分类结束后，神经网络对多模式变量的分类结果在 Fisher 分类器中进行二次分类。利用下述公式计算分类结果：

$$d = \{i \mid i \in \max(\text{Fish}_i(Y))\} \tag{4.29}$$

针对控制策略矢量中的离散变量 d 和第 j 个输出层神经元预测值 y_j，分别计算在不同分类模式下 Fisher 分类的结果值，并选出最大的结果值对应的分类模式作为第 j 个输出层神经元的真实输出。

4.3 本章小结

本章针对目前的生产换线决策专家系统规则抽取的局限性，介绍了混合神经网络的原理、混合神经网络的类型和统推理策略，采用神经网络权值学习的遗传算法，利用神经网络与遗传算法合作式的结合方式，给出了主成分分析和遗传神经网络的推理机构建以及推理机实现的具体算法。

5　解释机制的实现

解释的基础是知识和知识在问题求解过程中的应用。解释机制的设计原理就是基于知识和知识表达，依据规则的推理而实现的。本章介绍了 ROC 曲线技术，通过对 Trepan 算法的分裂方式进行变更，将 Trepan 算法中的决策树提升至随机森林，实现对神经网络进行规则抽取，并对神经网络的分类过程进行解析，使得神经网络的分类过程对最终用户透明。生产换线决策专家系统采用对神经网络进行规则抽取的形式构建解释机制。

5.1 解释机制设计原理和规则抽取的评价标准

专家系统中的解释机制设计需要遵循三个基本要求：①准确性：解释机制是系统运行调试的工具，需要给出准确精炼的解释，以方便系统设计者能够定位和修改错误；②可理解性：解释机制的解释应方便于用户理解，需尽可能地接近领域的形式语言或自然语言；③智能性：解释机制务必要尽可能方便使用并对用户提出的问题给出快速合理的解释。

解释来源于知识和知识在求解问题过程中的表现。解释机制的构建原理就是建立在知识的表达和知识的应用的基础上的。根据规则的推理从而实现的解释系统，从提出问题的结论起，逆向追踪支撑结论的数据或中间假设，每回溯一个步骤就对应知识库中的一条规则的推理，综合这些中间推理，并将其转换成用户能够理解的方式反馈给终端用户。

本书使用保真度、精度、一致性和可理解性等作为指标来评选神经网络规则抽取算法，并将其作为评价标准。

（1）保真度表现为抽取出的规则能够模仿神经网络行为的程度，即判断该规则是否能够很好地展示神经网络的预测活动。

（2）精度表现为抽取出的规则的泛化能力，即直接使用该规则预测后的效果。

（3）一致性即规则抽取算法是否具有稳定性。大部分规则抽取算法在多次运行后可能会得到不尽相同的规则，若算法的稳定性较好，则经过多次运行后的规则差异一般不会太大，由此说明了规则的一致性相对较高。

（4）可理解性表现为用户理解能理解抽取出的规则的程度。因规则抽取算法从神经网络中抽取出的一般是符号规则，所以其可理解性远远强于黑箱式的神经网络。

5.2 ROC 曲线技术

ROC 曲线（Receiver Operating Characteristic Curve，受试者工作特征曲线）是以每个检测结果为诊断界值，计算得到相应的假阳性率和真阳性率，以假阳性率（即 1-特异度）为横坐标、以真阳性率（即灵敏度）为纵坐标绘制而成的曲线。ROC 曲线可从直观上表明诊断试验的准确度。在 ROC 曲线中，有一条从原点到右上角的对角线，这条线称为参考线（Reference Line）或机会线。如果获得的 ROC 曲线落在机会线上，其曲线下面积为 0.5，分类效果最差。一般地，如果曲线位于机会线的上方且离机会线越远，说明诊断准确度越高。

估计 ROC 曲线下面积的方法有参数法和非参数法,均适用于连续性资料或等级资料的分类准确度的评价。

5.3 Trepan 算法

Trepan 算法依据 PAC（Probably Aproximately Correct，可能近似

正确）学习模型[110]，使用神经网络作为学习器，并将最终解释结果以决策树的形式表达。

1. PAC 学习模型

将被学习对象用属性 a 代表，它属于某一属性类（或属性空间）A，属性可由一组事例 X 代表。对某个属性 $a \in A$，当事例 $x \in a$ 时，$a(x)=1$；当 $x \notin a$ 时，$a(x)=0$。在 PAC 学习模型中，存在一个能提供属性的事例发生器，它能按 X 上的某种概率分布 P 产生 C 的事例。事例（x，$a(x)$）发生的概率记为 $P(x)$，属于未知概率。学习器接收到事例后，利用本身的学习算法即可产生一个对目标属性 a 近似的输出（假设为 h），它属于假设类（或假设空间）H。通常认为 H 与 A 属于同一空间，且 $A \subseteq H$。h 与 a 间的误差由 $(h,a)=(h-a)\cup(c-a)$ 的元素发生概率度量，若误差越小，则表示 h 对 a 的近似程度越高。

2. Trepan 算法

Trepan 算法由 Mark W. Craven 等提出。Trepan 算法的具体流程如下：

```
/* Given a net training set and a feature set, induce a tree that models the net */
Trepan（training_example，feature）
{
for each example E ∈ training_example /*obtain the net's labeling of each example*/
class label for E:=oracle（E）
return Make_subtree（training_example，feature {}）
}
Make_subtree（example，feature，constraints）
{
/*Checking stoping criteria using example and calls to oracle（constraints）*/
```

```
if stopping criteria satisfied
then
make new leaf L
determine class label for L using examples and calls to oracle
(constraints)
return L
else
/* use features to build splits, use examples and calls to oracle
(constraints) to evaluate them */
S:=best binary split
using S as a seed, search for best M-OF-N split s'
make new node N for S'
for each outcome I of S'
examples(I):=members of examples with outcome I on split S'
constraints(I):=constraints∪{S'=I}
Ith child of N:=MAKE_SUBTREE(examples(I), features,
constraints(I))
return N
}
```

Trepan算法通过查询神韵Oracle来获取训练样本及神经网络的预测值，然后完成决策树节点的标记，Mark W. Craven 等具体阐释了Trepan算法和传统递归决策树之间工作原理的区别。

（1）神韵 Oracle 的查询。神韵 Oracle 通过查询神经网络后获得 class 的值：通过对输入样本向量中能够生成约束（constraints）的变量（features）产生随机数来获取 Trepan 算法所需要的训练样本。神韵 Oracle 的作用包括三个方面：① 获取 Trepan 算法训练样本的输出值；② 为决策树的叶节点提供叶标签；③ 获取决策树的分支用以创建树的节点（Internal Node）。

（2）分裂类型（Split Types）。决策树的节点的作用是把样本输入空间划分成多个不同成员（members）。传统决策树却只能依据单个的变量分裂，但 Trepan 算法首先使用 m-of-n 表达，再进行决策树的分裂。

（3）分裂方式（Split Selection）。当使用神韵 Oracle 选择既定节点进行分裂时，会给出从根节点到现在节点呈现的分裂，并将这些分裂作为样本输入变量的约束条件。Trepan 算法一般利用信息增益对节点进行分裂，下面其具体分裂方式。

① m-of-（n+1）：表示新增加一个约束条件后，其阈值保持不变。例如，1-of-{a，b}→1-of-{a，b，c}，左式表示只要 a 条件成立，则取正；右式表示如果 a，b，c 三个约束中有任意两个成立，则取正。

②（m+1）-of-（n+1）表示新增一个约束条件，其阈值也相应增加。例如，1-of-{a，b}→2-of-{a，b，c}，左式表示只要 a 条件成立，则取正；右式则表示若 a，b，c 中有任意两个成立，则取正。

（4）停止准则。Trepan 算法有两条停止准则：①Trepan 算法的计算落入到最常见的分类模式中后，其输入样本的比率 P 将判定节点是否结束；②若 Trepan 算法获取的决策树深度等于既定值时，结束树的产生。

（5）叶节点的标记（Leaf Labeling）。神经网络的预测值可以决定叶节点的标记值，即当 Trepan 算法的计算落入到这个节点样本中的最大概率时的取值。

Trepan 算法首先通过神韵 Oracle 随机产生训练样本，然后采用查询机制，获取神经网络对该训练样本的分类结果，最后使用 ID3 算法的增益比率构建基于 m-of-n 表达的决策树分裂。通过上述流程，Trepan 算法具备了较少的计算量和较高的保真度。

5.4 随机森林

随机森林（Random Forests，RF）是 Breiman 于 2001 年提出的一

种新的组合分类器算法，其结构如图 5.1 所示。随机森林采用分类与回归树（Classification And Regression Tree，CART）作为元分类器，用 Bagging 方法制造有差异的训练样本集，并且在构建单棵树时，随机地选择特征对内部节点进行属性分裂。随机森林能较好容忍噪声，并具有较好的分类性能。随机森林的算法如下[111-112]：

（1）使用 Bagging 方法形成训练集。从原始训练样本中有放回地随机选取 N 个样本形成一个新的训练集，以此生成一棵分类树。

（2）随机选择特征对分类回归树的内部节点进行分裂。假设原始样本中共有 M 个特征，指定一个正整数 $mtry<<M$；在每个内部节点，从 M 个特征中随机抽取 $mtry$ 个特征作为候选特征，选择这 $mtry$ 个特征上最好的分裂方式对节点进行分裂。在整个森林的生长过程中，$mtry$ 的值保持不变。

（3）每棵树自由生长，不剪枝。

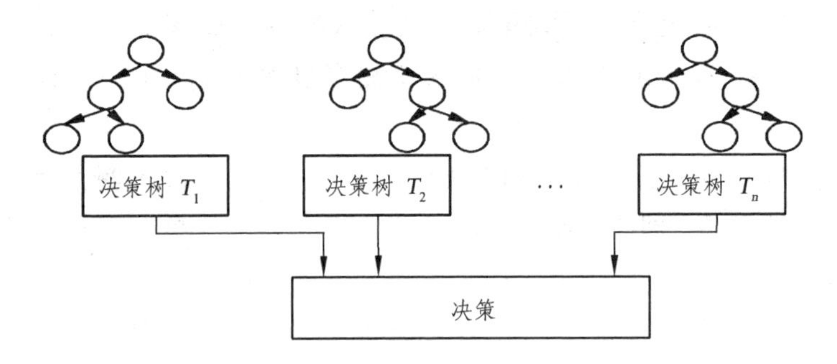

图 5.1　随机森林的结构

5.5　CART 算法

CART 由分类树（Classification Tree）和回归树（Regression Tree）两部分组成[52]：分类树适用于结果变量是类别变量的数据分析，回归树适用于结果变量是连续变量的数据分析。CART 以基尼指数（Gini）

作为分裂标准，能够将数据无序度低的属性挑选出来。在建立 CART 树时，每个分裂属性的选择是根据它在不同预测下对样本数据划分的好坏程度来进行的。

基尼指数是一种不纯度分裂方法，其具体算法思想是：假设集合 T 包含 k 个类别的记录，那么其 $Gini$ 指标为：

$$Gini(t)=1-\sum_{j=1}^{k}[p(j|t)]^2 \tag{5.1}$$

$p(j|t)$为类别 j 在 t 节点处的概率。当 $Gini$（t）最小为 0 时，即在此节点中所有记录都属于同一类别，表示能得到最大的有用信息；当此节点中的所有记录在某个类别处于均匀分布时，$Gini$（t）最大，表示能得到最小的有用信息。如果集合分成 l 个部分，那么进行这个分割的 $Gini$ 指数为：

$$Gini_{split}(T)=\sum_{j=1}^{l}\frac{n_j}{n}Gini(j) \tag{5.2}$$

其中 l 是子节点的个数，n_j 是在子节点 j 处的样本数，n 是在母节点处的样本数。基尼指数的基本思想是：对于每个属性都要遍历所有可以的分割方法，若能提供最小的 $Gini_{split}$，该属性就被选择作为此节点处分裂的标准；此时再按对应的属性值来分裂，并且根据每一个属性值创建树枝；进一步向下划分样例，直到满足停止条件。停止条件通常是给定叶节点纯度的一个阈值，大于等于该阈值时停止划分。

根据给定的样本集 S 构建分类树由以下三步组成：（1）使用样本集 S 构建最大树，使得树中每一个叶节点要么很小（节点内部所包含样本个数小于给定值），要么是纯节点（节点内部样本属于同一类），要么不再存在属性可以作为分支属性；（2）使用修剪算法构建一个有限的、节点数目递减的有序子树序列；（3）使用评估算法从子树序列中选出一棵最优树，作为最终的决策树。

5.6 生产换线决策专家系统解释机制算法

决策树是一种不够稳定的分类方法,训练集的小范围变动就可能造成分类模型的显著变化。为了提高决策树分类的稳定性,生产换线决策专家系统提出了一种基于 Trepan 算法,并融合随机森林思想和 ROC 分析技术的神经网络规则抽取算法,即基于 Trepan 的改进抽取规则算法——IER-Trepan 算法。下面描述 IER-Trepan 算法的工作过程。

```
/* Given a net training set and a neuro network i, acquired a random forest */
IER-Trepan ( training_example )
{
for each E ∈ training_example
    class label cl=oracle ( E )
/*determine the bound of each feature and extend the training set*/
training_example_plus=extend ( )
class label c1_plus=oracle ( training_example )
training_example=training_example ∪ training_sample_plus
c1=c1 ∪ c1_plus
for 1, 2, …, n
/* sample the training_example and class label randomly with the bootstrap technology */
    {training_example[i], c1[i]}=random_sample ( training_example, c1 )
/*Induce a CART tree*/
    tree[i]=CART ( training_example[i], c1[i] )
end
/* construct a random forest and make decision */
for any input_data, classified with CART tree
    result[i]=classified ( tree[i], input_data )
return vote ( result )
}
```

extern 函数在原始样本的上下界范围内，对原始数据进行随机扩充。

IER-Trepan 算法的具体算法如下：

（1）计算知识库中生产状态矢量的主成份 F_i 及其对应的系数 u_i 和主成分方差 λ_i。

（2）计算生产状态矢量中对所有主成分累计贡献率最大的变量。

由于知识库中生产状态矢量中变量的方差为：

$$Var(x_i) = Var(c_{i1}F_1 + c_{i2}F_2 + \cdots + c_{ip}F_p) \quad (5.3)$$

则

$$c_{i1}^2\lambda_1 + c_{i2}^2\lambda_2 + \cdots + c_{ip}^2\lambda_p = Var(x_i) \quad (5.4)$$

变量对所有主成分累计贡献率为：

$$\Omega_i = \sum_{j=1}^{p}(c_{ij}^2\lambda_j / \lambda_j) = \sum_{j=1}^{p} c_{ij}^2 \quad (5.5)$$

（3）在某个具体的控制变量模式 j 下，对于大累计贡献率变量，根据 ROC 曲线选取出满足以下两个条件的最佳变量 i：① ROC 真实面积等于 0.5 的显著性水平小于 0.1；② ROC 曲线面积最大（ROC 分析主要用于二分类情况，因此在生成 ROC 曲线图时，将当前模式置为 1，其他模式置为 0）。计算最佳变量 i 在某个控制变量模式 j 下的最小敏感区间 $S\_Interval_i$。（最小敏感区间指在此区间中，ROC 中（1-特异度）的变量值最大，表明 ROC 生成的最小敏感区间在某特定模式下，对控制策略预测错误的概率较大。因此需要在此区间增加样本，使决策树对上述的区间的分类尽可能正确。

不同最佳变量在不同分类模式的情况下，生成的最小敏感区间可能存在不重合的情况，因此需要对重合的最小敏感区间采取下述的交操作：

$$S\_Interval_i = S\_Interval_{ij} \cap S\_Interval_{ik} \quad (5.6)$$

需要注意的是，在式（5.6）中，模式 j，k 属于同一个特定神经网络能够推理的最大分类模式集合。

（4）根据 $S\_Interval_{ij}$ 内样本的分布状态 $Distr_{ij}$，生成 m 个随机数 r_number_{ij}，对于不属于最佳变量组的变量，将在其样本区间内随机生成一组样本 $r\_number2$。将上述样本使用随机组合的方式重新组合成一系列的生产状态样本$\{r_number_{ij}, r_number2\}$。

（5）神韵 Oracle 函数将扩充的样本送入到推理机中进行推理，以获取相应的控制策略变量值。*r_sample* 将扩充的样本按照 Bootstrap 方法进行随机抽样。Bootstrap 方法就是对原始样本进行反复采样，然后从原始样本中独立等概率的抽取出 N 个容量为 n 的样本作为随机替换样本（*RSWRs*）。

（6）采用 CART 函数将抽样选取出的样本根据 CART 算法建立 N 个决策树。

综上所述，IER-Trepan 算法首先将知识库中的最初样本进行扩充，然后将扩充的样本送入到神韵 Oracle 中进行推理，接着将重新生成的新样本进行随机抽样，最后根据抽样结果来建立决策树，并使用不同的决策树进行分类。IER-Trepan 算法流程如图 5.2 所示。

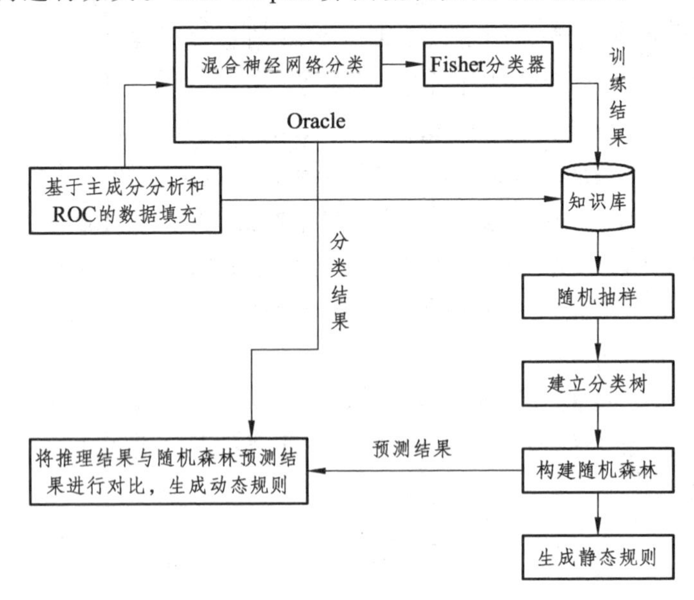

图 5.2 IER-Trepan 算法流程

5.7 预置文本技术

IER-Trepan 可以较好地对神经网络的规则进行抽取。但是，由于 IER-Trepan 算法是采用决策树来进行规则表达的，这样导致生产换线领域知识的表达不够直观。生产单元换线专家决策系统在 IER-Trepan 算法的基础上，预置了生产换线领域知识的文本，这样可以很明确地对生产换线决策知识进行详实直观的表达。

对第 j 个主成分，其对生产状态矢量的降维系数为 $w_j=(w_{j1}, w_{j2}, \cdots, w_{jn})$，其中 n 是生产状态矢量中的最大维数。根据降维系数 w_{jn} 的正负号，预置的文本为"生产状态矢量中变量 n 对综合指标 j（第 j 主成分）成正（或负）相关"。

对于随机森林投票结果（r）一致的第 k 棵决策树，选取该决策树上的开始节点到最后节点的 n 条路径形成集成，其中每个路径就是一条规则。预置的文本为"如果综合指标 1（条件 1），综合指标 2（条件 2），则目标变量为（Value）"。

如果与随机森林投票结果一致的决策树有 m 棵，那么共能提出的规则数量为：

$$R\text{-}amount=\sum_{i=1}^{m} n_i \tag{5.7}$$

其中，n_i 为第 i 棵决策树能够形成的规则数。

如果随机森林的投票结果与推理机的分类结果不一致，则给出错误提示；否则生成动态规则，预置文本为"因为决策树 x 与推理机推理结果一致，所以选择第 i-j 条规则"（或为"因为决策树 x 与推理机推理结果不一致，所以不选择第 i-j 条规则"）。通过上述的预置文本技术，可以很好地解决决策树对知识表达不直观的问题，使抽取出的规则具有较高的可理解性。

5.8 生产换线决策专家系统的程序实现

采用基于 COM 的技术构建生产换线决策专家系统，可以使专家系统高可靠地与跨进程仿真对象进行通信，并且可以被任意的编程语言所调用。生产换线决策专家系统的组件采用 DLL 形式进行封装，实现双重接口，集合内部组件和采用 OLE DB 数据库应用技术。

5.8.1 ADO 技术

数据库是现代计算机应用的一个重要组成部分，是人们有效地进行数据存储、共享和处理的工具。数据库访问技术将数据库外部与其通信的过程抽象化，通过提供访问接口，简化了客户端访问数据库的过程。目前 Windows 系统中常见的数据库接口包括 ODBC（开放数据库互连）、MFC（Microsoft 基础类）ODBC 类、DAO（数据访问对象）、RDO（远程数据对象）、OLE DB（对象链接嵌入数据库）和 ADO（ActiveX 数据对象）。

ADO（ActiveX Data Objects，ActiveX 数据对象）是微软提出的应用程序接口（API），用以实现访问关系或非关系数据库中的数据。ADO 是对当前微软所支持的数据库进行操作的最有效和最简单直接的方法，它是一种功能强大的数据访问编程模式。ADO 的一种面向对象的编程接口，它建立在 OLE DB 之上，简化了 OLE DB。使用 ADO 的客户程序与供应程序之间的关系如图 5.3 所示。

OLE DB 是一种基于 COM 的全新的数据库开发技术。OLEDB 提供了灵活的接口和优越的性能，具有以下优点：

（1）广泛的应用领域。以往的数据库访问技术（如 ODBC、DAO 等）都只能访问关系型数据源，而 OLE DB 被设计成可以访问任何格式的文件（其中包括关系型和非关系型的数据源，以及用户自定义的文件格式），用户只需要对所使用的数据源产生自己的数据提供程序，OLE DB 客户程序就可以透明地访问到它们。

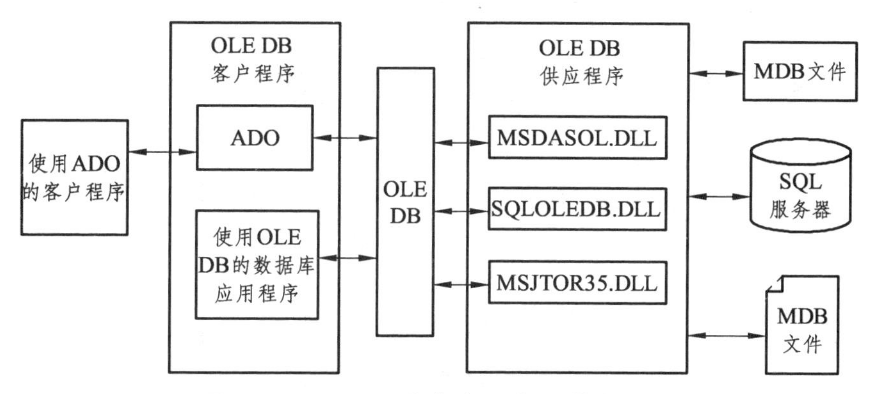

图 5.3　OLE DB 的客户程序和供应程序

（2）简洁的开发过程。OLE DB 的对象组件和接口已经定义了数据提供程序所需要的接口，Visual C++ 6.0 也为此提供了 OLE DB 模板，可以很方便地产生一个 OLE DB 应用程序框架。OLE DB 为建立服务提供程序提供了一系列功能，这些功能可以大大简化数据提供程序的设计。由于数据使用程序并不需要知道当前数据提供程序的细节，因此它只需要使用 OLE DB 的接口即可完成程序设计。由于接口的标准性，数据使用程序可以用于任何提供了数据程序的数据源，这使得 OLE DB 程序具有良好的移植性。

（3）可靠的稳定性。OLE DB 应用程序是基于 COM 接口的应用程序，它继承了 COM 接口的所有特性。COM 模型具有良好的稳定性，COM 模型与 COM 模型之间只要遵循规定的接口，可以很容易地进行通信，所有组件和接口共同工作，组成一个稳定的应用程序。OLE DB 的各个对象都提供了错误对象和错误接口，可以由应用程序截获错误，并对其进行适当处理，从而提高了应用软件的稳定性。

（4）高效的数据访问。作为一个组件数据库管理系统，OLE DB 通过将数据库的功能划分为客户和服务器两个方面，提供了比传统数据库更高的效率。由于数据使用者通常只需要数据库管理的一部分功能，OLE DB 将这些功能分离开来，减少了用户方面的资源开销，同时减少了服务器方面的负担。

5.8.2 生产换线决策专家系统的程序

生产换线决策专家系统程序实现的整体框架由层级关系、流程和关键技术构成，如图 5.4 所示。

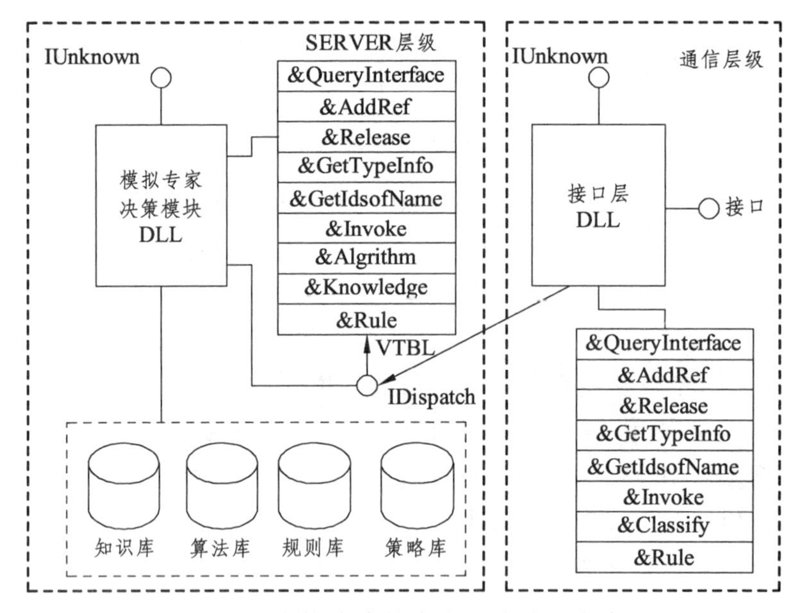

图 5.4 生产换线决策专家系统的程序实现

生产换线决策专家系统采用两层级结构：第一层级为通讯层级，最终用户通过获得通讯层级的相关接口获得分类和规则提取的实现；第二层级为 SERVER（服务器）层级，通过获得最终实现的接口，进行层级的分类和规则提取。在生产换线的层级中，第一层级接口聚合了第二层级的接口。生产换线专家采用上述结构可以使最终用户免除开发推理机的联想功能，并且可以将生产换线决策专家系统高安全地进行网络发布。

生产换线决策专家系统的程序实现的流程步骤为：(1) 最终用户通过前/后绑定技术（VTBL/IDispatch），获得通讯接口层的接口。(2) 调用 Classify 函数通过前绑定技术获得 Algorithm 和 Knowledge 的接口，使用 Knowledge 接口查询当前用户输入是否与知识库存储的样本重合：如果重合，返回知识库中存储的生产控制策略矢量，实现联想功能；如果不重合，将当前用户输入送入到推理机进行推理，Rule 函数根据前面所述，返回对应的文本解释。

生产换线决策专家系统的程序实现中采用的关键技术包括：(1) 层级间 COM 聚合技术，将通讯层级与 SERVER 层级进行聚合；(2) 双重接口技术，VTBL 绑定技术对于其它的编程语言是不支持的，为了能被其他语言所调用，需要 IDispatch 绑定技术；(3) 数据库查询技术，采用 OLE DB 方式的数据库查询技术。

对于知识库、算法库、规则库的实现技术存在多种方式，本书在第 6 章中详细描述了知识库、算法库、规则库和策略库的一种实现方式。

5.9 本章小结

本章介绍了解释机制设计原理、规则抽取的评价标准、ROC 曲线技术、Trepan 算法、随机森林、CART 算法以及生产换线决策专家系统解释机制算法等内容。解释机制采用融合 Fisher 分类器的混合神经网络，使用 IER-Trepan 算法提取了神经网络的规则，并使用预置文本技术对规则进行表达，最后以双层级封装专家系统的软件实现。

6　应用研究：某摩托车企业生产单元换线决策专家系统

合理进行生产换线是提高生产单元制造柔性的关键，而生产单元换线决策专家系统的构建过程比较复杂，且在以后的使用过程中，还应考虑升级知识库、推理机和规则库。因此，本章从生产单元对换线决策的需求出发，提出了基于 Web 服务的生产换线决策专家系统应用。所构建的生产换线决策专家系统采用基于网络的应用模式，当发布新的生产换线专家决策系统时，只需更新 web 服务提供者即可。

6.1 基于 Web 服务的网络化应用模式

Web 服务是一种部署在 Web 上的对象（或组件），它以一种松散的服务捆绑集合形式动态地创建应用。Web 服务使用基于 XML 的消息处理作为基本的接口描述和数据通信方式，采用 W3C 组织制定的开放性标准和规范，对服务的实现与使用进行高度的抽象，以消除由于不同组件模型、操作系统和编程语言所产生的系统差异，为实现数据和系统的互操作性提供一种有效的解决方案。Web 服务平台提供了一套标准，用于定义的应用程序在 Web 上实现互操作性，按照相关标准即可使用任何语言在平台上编写 Web 服务，它主要依靠 SOAP（Simple Object Access Protocol，对象存取协议）、WSDL（Web Service Description Language，Web 服务描述语言）和 UDDI（Universal Description，Discovery and Integration，统一描述、发现和集成）三种关键技术。使用 Web 服务技术，应用程序可以基于 XML 的系列协议跨平台调用 Web 服务，从而实现计算模式从传统的单机、客户机/服务器和 Web 网站的方式，向松耦合的、动态集成的新的分布式计算方向发展。

Web 服务的体系结构如图 6.1 所示。Web 服务的体系结构是服务注册者（服务发布描述）、服务提供者（托管访问服务平台）与服务请求者三个角色交互的产物，交互过程包括三个方面。

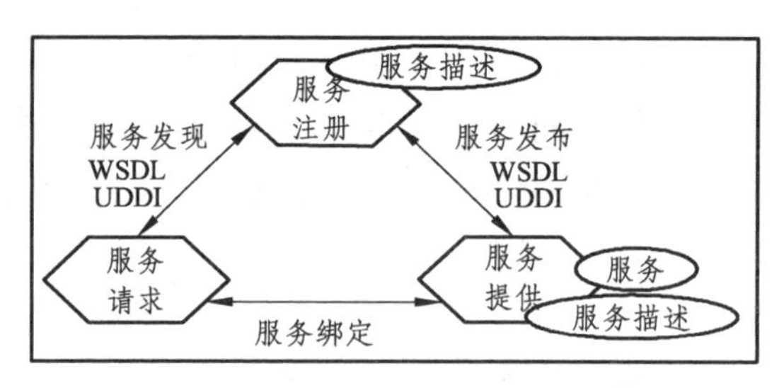

图 6.1　Web Service 的体系结构

（1）发布服务。发布服务描述可以使服务请求者能够查找被访问的服务器。可以根据应用程序的要求发布服务描述的位置。

（2）查找操作。服务请求者可以根据自己的需要直接检索服务描述，或在服务描述者中查询搜索需要的服务类型。

（3）绑定操作。服务请求者在绑定操作中，通过服务描述中的绑定细节来定位、联系和调用服务，主要用于运行时调用或启动与服务的交互。

此外，要实现一个完整的 Web 服务体系，还需要有一系列的开放标准协议规范，如用于描述 Web 服务通过接口提供某个功能程序段的 XML 协议、描述接口的 WSDL 协议、用于消息传递的 SOAP 协议等。下面介绍基于 Web 服务的生产换线系统网络化应用的原型系统，其网络拓扑如图 6.2 所示。

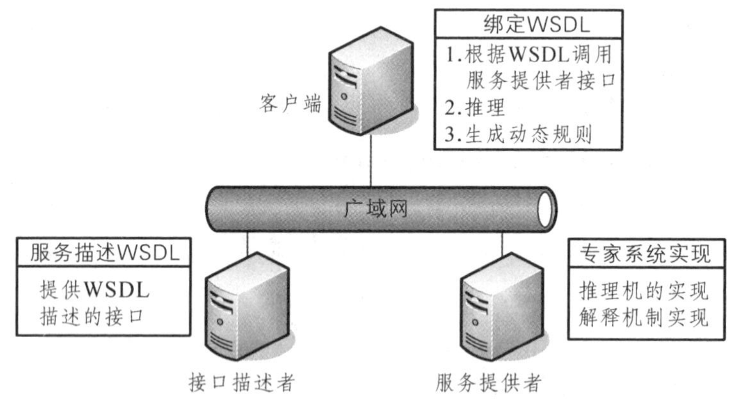

图 6.2　基于 Web 服务的网络化应用的生产换线专家系统

原型系统包含三个网络拓扑节点：（1）客户端程序，负责绑定接口描述者提供的 WSDL，并向服务提供者提交服务请求，服务提供者再进行后台计算，并返回计算结果；（2）接口描述者，负责提供服务接口描述和 WSDL 的下载；（3）服务提供者，服务提供者托管客户端访问，并将结果返回给客户端程序。

6.2 某摩托车企业发动机生产单元换线决策专家系统构建

某企业集团是从事摩托车、摩托车发动机及相关产品制造加工的大型企业集团，拥有摩托车制造、摩托车发动机制造、摩托车核心零部件加工、特殊动力机械制造、自主知识产权平台开发等产业集群。为了验证生产换线决策专家系统理论的可行性，本章以该企业的某摩托车发动机零部件生产单元为工程背景，进行实证研究。

由于该生产单元属于多品种、小批量的生产方式，加工中心需要经常换线，且在生产过程中经常出现不确定因素（如原材料时常供应短缺、频繁换线、夹具容易出错问题等），因此合理安排换线、优化生产过程成为当务之急。在本节的应用案例中，将详细描述数据库建立、知识获取、推理机构建和解释机制构建的详细过程。

6.2.1 数据处理方法

影响神经网络性能的因素[103]主要可以分为：神经网络的拓扑结构、学习算法的优劣和数据处理的能力。神经网络专家系统的构建过程分为两个阶段：（1）第一阶段是学习阶段，利用已建立的神经网络模型，建立各输出变量与输入变量之间复杂的非线性关系，获得求解的领域知识；（2）第二阶段是求解阶段，将待求解问题的输入变量送入学习后的神经网络，神经网络自动将其与学到的知识进行匹配，并推出合理结果。

神经网络所用的样本对网络的性能及实际应用有着至关重要的影响，它可以影响神经网络的学习速度、网络结构的复杂性和网络泛化的精度。对神经网络所用样本集进行数据前处理的步骤一般分为四步，即数据收集、数据变换处理、特征参数提取和样本集构造。数据前处理及神经网络实现示意图如图 6.3 所示。

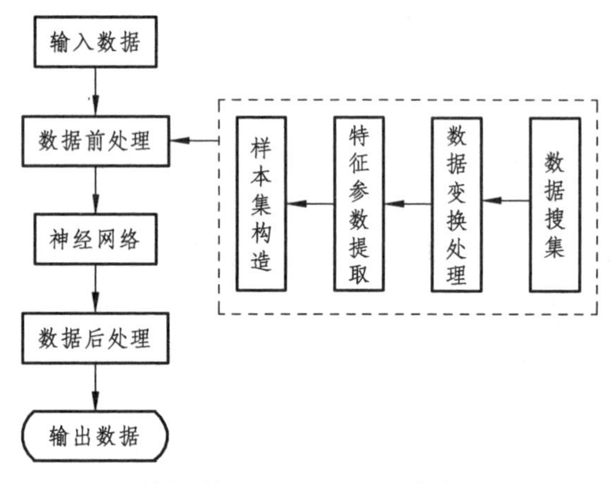

图 6.3　数据前处理及神经网络实现示意图

1. 数据收集

数据收集首先要深入调查，了解实际情况与问题，并收集有关的信息（如网络模型中所有可能的输入变量、输出变量、定性描述和定量数据等）；其次是向有关的专家和学者请教，咨询或查询有关资料，使收集到的变量或数据具有典型性和代表性。

2. 数据变换处理

由于数据集中存在大量的多维变量数据，它们的数值虽然较小但起着决定性的作用,因此需要对映射样本空间的数据先进行变换处理，删除原始数据中的无用信息，使样本空间映射成数据空间，即进行数据归一化处理。

3. 特征参数提取

特征参数提取指在数据空间上，通过某种变换提取数据中的不变特征，并根据问题的需要决定是否对所选择的模式特征向量进行量化压缩变换，在尽可能保持信息量不变的前提下，在降维空间中选择有用的特征，并在所得的降维模式空间提取模式样本的特征信息从而形成特征空间。

4. 样本集构造

样本集构造对提高神经网络训练和推理性能具有相当重要的作用。如果样本数量过小，将不能很好地反映问题内在的规律和相互关系，在验证样本集中就不能得到合理的推理结果；如果样本数量过大，不仅将增加网络的学习时间，而且使网络与学习数据太贴近，导致网络抽取能力的下降。可见，样本集的构造与选取是影响神经网络学习与推理性能的重要环节。

新的样本数据应用于训练后的神经网络时，也需要对输入数据进行同样的前处理操作。同样地对神经网络的输出数据也必须进行后处理，数据后处理过程是前处理过程的逆运算。

6.2.2 基于 RFID 技术的发动机生产现场数据采集和处理

实时数据采集技术是快速获取生产单元基础信息，并进行推理决策的关键。为实现实时数据采集，需要采用多种智能数据采集技术融合的手段，来解决底层数据录入和处理的问题。无线射频识别（Radio Frequency Identification，RFID）是一种自动识别和数据获取技术[113-116]。RFID 利用射频微波信号自动识别目标对象，并获取相关数据，从而实现相互通信。RFID 可以实现运动过程中快速、高效、安全的信息识读和存储。RFID 的出现改变了人工采集数据的方式，提高了工作效率。

RFID 是一种非接触式自动识别、数据采集跟踪的技术。典型的 RFID 系统一般由射频电子标签、读写器和应用系统（包括应用接口、传输网络、业务应用、管理系统等）三部分构成。当物品标签进入读写器磁场时，系统接收读写器发出的射频信号，并凭借感应电流所获得的能量，发送出存储在标签芯片中的产品信息（无源标签）或者发送某一频率的信号（有源标签）。阅读器读取信息并解码，然后将其送至应用系统，进行有关数据处理操作。应用系统是按电磁波能量耦合原理工作的，主要由射频卡/标签和读写器两部分组成。射频卡/标签是一种无源体，当读写器对射频卡/标签进行读写操作时，读写器发出的射频信号由两部分叠加组成：（1）一部分是电源信号，该信号由射频卡/标签接收后，与其本身的 LC 产生谐振，产生一个瞬间能量来供给芯片工作；（2）另一部分是结合数据信号，指挥芯片完成数据的修改、存储等操作，并返回给读写器，完成一次读写操作。

RFID 系统读写器框图如图 6.4 所示。

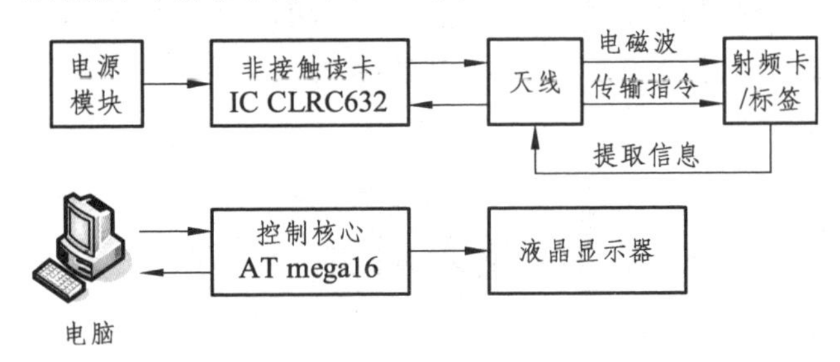

图 6.4　RFID 系统读写器框图

在摩托车发动机零部件生产单元中，根据加工工艺的要求，将工艺指标参数输入到需要加工的设备系统中，进行各个加工装配工位的工票文件定制、工艺要求匹配和工时定额设置。然后，通过生产单元局域网内的各工位的读卡器，采集每个工位的物理位置、工序生产实际时间、生产任务的变更、机床及轴加工中心的功能和产能、生产状态、生产工艺、换线表、换线类型、生产系统动态、工装、加工刀具及检具等数据，同时自动采集和录入工位资源状况（包括操作者、在制品信息、设备编号等）、工位的属性等信息。此外，根据实际数据与输入数据之间的差异，生产现场数据的采集和处理模块可以给出生产过程中等待、赶工、紧急帮工、紧急插单等情况的状态信息，并进行数据采集和处理。该模块采用两层架构模式，由数据采集层和数据处理层组成。

（1）数据采集层。该层运用 RFID 读写器采集数据，包括生产单元管理信息数据、工位操作工技能数据采集和工位工作量输入三个方面：①生产单元管理信息数据采集是指生产工艺、工装、加工刀具及检具等数据的采集；②工位操作工技能数据采集指操作工人到达工位后，通过扫描个人标签来采集到位操作工人的技能信息（包括操作技能、维修技能、质量监控技能、计划技能、调度技能、工艺管理技能和设备管理技能）数据；③工位工作量输入指操作工人将完成的工作量（包括换线前持续生产的前道工序时间（HT）、换线方式（CLS）和换线策略（CM）工作信息）进行实时输入。

（2）数据处理层。该层将数据自动采集层上传的数据进行两个层次的处理：① 处理是将原始数据做一些最基本的处理，如去重等；② 第二层处理是将数据做进一步的处理，如过滤分类等。处理完的数据将实时上传到人员管理层。数据处理层可以根据系统的架构进行灵活配置，可以将前端数据处理层和后台数据处理层分开使用（即按上位机和下位机的方式使用），也可以将两个层次的模型在一台工控机上共同使用。

RFID 技术的生产现场数据的采集和处理模块通过生产单元局域网内的各工位的读卡器和终端的人机交互界面，实时接收发布的加工任务和相应的技术要求及技术资料，将加工过程的进度、质量、设备状态、异常事件等信息实时反馈给企业的管理端，并将采集的数据保存在数据库中，如图 6.5 所示。

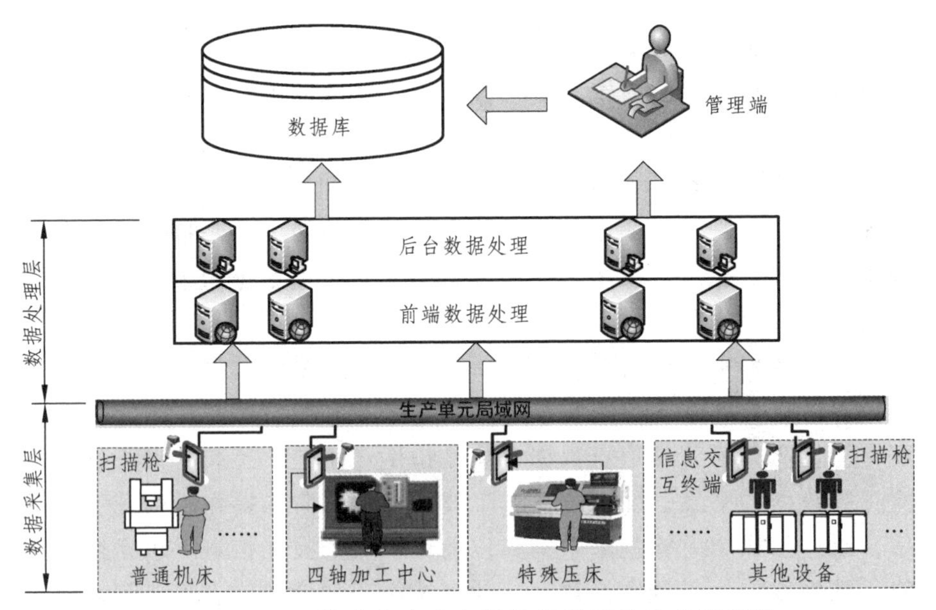

图 6.5 RFID 技术的生产现场数据的采集和处理模块

6.2.3 某摩托车发动机生产单元换线决策专家系统交互仿真知识获取

1. 确定生产目标矢量、生产状态矢量和生产控制策略矢量

在构建生产换线交互仿真模型进行知识获取的过程中，应先对生产单元换线知识进行表达。换线生产系统中的换线知识涉及到的矢量包括：（1）生产目标矢量，即不同时间段换线决策的目的；（2）生产状态矢量，即不同时间段换线前的生产现场数据；（3）生产控制策略矢量，即在不同时间段，为优化生产目标矢量依据换线前生产状态矢量数据采用的换线方式。

下面介绍各个矢量中变量的意义及数据结构。

（1）生产目标矢量包括换线总时间（Total Changeover Time）、订单准时完成率（Order Fill）和换线技能指数（Skills factor，SF）。生

产目标矢量可表示为：

$$Xg=（TCT，OF，SF） \tag{6.1}$$

其中，*TCT* 表示换线总时间，数据结构为连续型；*OF* 表示订单准时完成率，数据结构为连续型；*SF* 表示换线技能指数，数据结构为连续型。

（2）生产状态矢量。生产状态矢量是描述换线前生产现场的数据。通过对专家的决策依据进行分析，影响专家决策的生产状态矢量可表示为：

$$xs=（xt\_inventory\_status, xt\_left\_time, xt\_left\_manufacturing, xt\_urgent, k40\_inventory\_status, k40\_left\_time, k40\_left\_manufacturing, k40\_urgent, gt\_inventory\_status, gt\_left\_time, gt\_left\_manufacturing, gt\_urgent, proc1\_status,\cdots, proc10\_status, order\_kind, order\_amount, order\_urgent, date\_time） \tag{6.2}$$

各变量的含义为：

xt_inventory_status 表示目前生产线上库存的箱体的数量，其数据结构为连续性变量，单位为个；

xt_left_time 表示箱体距离交货期剩余的时间，其数据结构为连续型，单位为天；

xt_left_manufacturing 表示箱体还需要的生产数量，其数据结构为连续型，单位为天；

xt_failed_time 表示系统出现失效已经持续的时间，其数据结构为连续型，单位为天；

*k40_*...表示线上 *k40* 的生产状态，其各项的数据结构和意义与箱体的意义相同，此处不再赘述；

*gt_*...表示线上缸体的生产状态，其各项的数据结构和意义与箱体的意义相同，此处不再赘述；

$proc_i\_status$ 表示加工中心的状态，其数据结构为布尔型，$proc_i\_status=0$ 表示加工中心当前没有工作；

order_kind 表示新订单类型，其数据结构为离散型；

order_amount 表示新订单要求交货的数量，其数据结构为离散型；

order_urgent 表示新订单的紧急度，其数据结构为离散型；

date_time 表示新订单的交货期，其数据结构为离散型，单位为天。

（3）生产控制策略矢量。当需要换线的时候，专家根据现场情况确定继续生产前道零件的时间、换线方式和换线策略的值。生产控制策略矢量可表示为：

$$G=(HT, CLS, CM) \tag{6.3}$$

其中，*HT* 表示当需要换线的时候，不立即换线而继续生产前道零件的时间，其数据结构为离散型，单位为天。*CLS* 表示换线方式，其数据结构为布尔型。当 $CLS=0$ 时表示快换，即增加换线人手；当 $CLS=1$ 时表示普换，即不增加换线人手。*CM* 表示换线策略，其数据结构为离散型。存在以下的换线策略：箱体换到 k40、缸头换到 k40、箱体和缸头同时换到 k40、k40 换到箱体、k40 换到缸头、k40 换到箱体和缸头和不换线、换箱体、换缸头、换 k40。

例如，控制策略矢量 $G=(2, 0, 5)$，表示专家决策结果为：换线前继续生产前道产品 2 天，执行普换方式，换线策略为 k40 同时换到箱体和缸头。

2. 某摩托车发动机生产线系统仿真模型

本节首先构建不支持决策的生产过程基础仿真模型，并在其基础上实现支持决策输入和决策控制生产等模块，进而完成换线决策专家系统的仿真模型的构建。

（1）构建生产过程基础仿真模型

生产过程基础仿真模型虽然不支持枚举生产现场数据、决策输入和决策对生产的控制等模块，但可以验证仿真系统建立的可靠性。生产过程基础仿真模型由产品模型、工作者模型、设备模型和工艺过程模型构成。该摩托换线决策专家系统采用 Flexsim 软件构建生产过程基础仿真模型，如图 6.6 所示。

图 6.6 Flexsim 构建的基础仿真模型

通过验证 Flexsim 仿真结果，并与实际生产数据进行比较，即可判断建立的基础仿真模型的可靠性。

（2）构建制造系统仿真模型

制造系统仿真模型需要在基础仿真模型的基础上，支持决策输入、决策对生产控制以及枚举生产现场数据等功能。支持决策的制造系统仿真模型的程序流程如图 6.7 所示。

当开始推进仿真时，系统判断是否达到换线点；如果没有达到换线点，事件发生器根据目前系统失效状态选择性记录系统失效的开始时间，当系统处于失效状态时，记录失效开始时间，并同时更新生产状态数据；继续推进仿真，当有产品完工时触发生产数据计数模块，并再次更新生产状态数据；判断是否已达到交货点，如果是，调用目标矢量算法器，计算目标矢量值，并使仿真处于换线点。

当系统处于换线点时，暂停仿真，并使试验生成器读取预定的订单信息；枚举器枚举生产状态数据；将生产状态数据写入到保存文件中；加载用户界面，得到专家决策数据，并写入到保存文件中；对专家决策数据进行智能推断；根据推断结果，设置相关换线参数，根据换线参数调用相关换线实施模块；实施换线决策，使生产系统按照换线决策进行生产；更新目标矢量值，并写入到保存文件中。

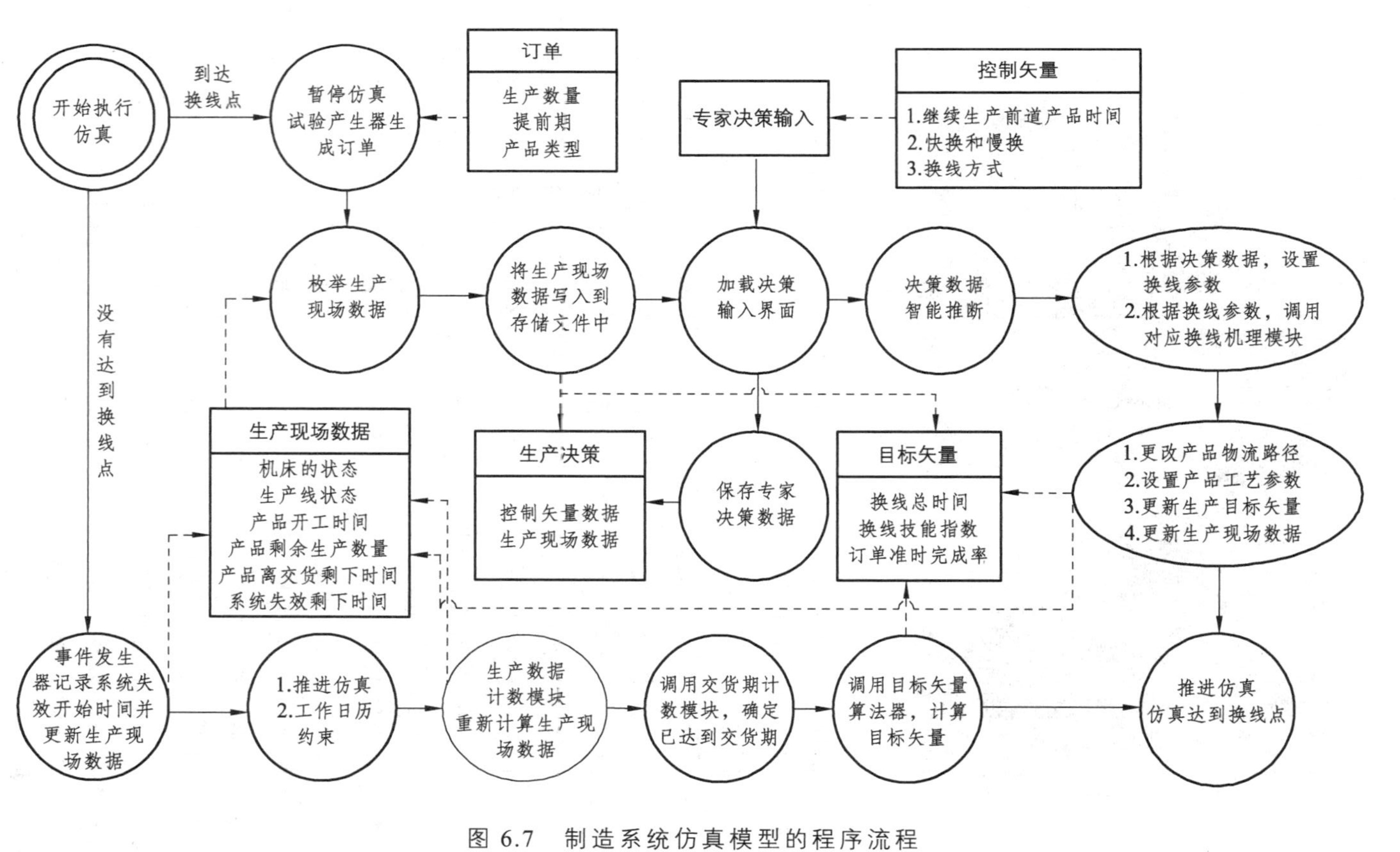

图 6.7　制造系统仿真模型的程序流程

（3）制造系统仿真模型的关键技术

制造系统仿真模型是交互仿真中一个重要的仿真模型，涉及的关键技术包括：

①仿真随机性的实现。仿真的随机性可以使得知识库中样本尽可能最大化地包含专家决策可能的实例空间，同时可以模拟生产系统中一些不确定的事件。目前生产线主要存在待料和加工中心故障两个不确定事件。为了简化模型，制造系统仿真模型将加工中心故障和待料归结为生产系统失效。

计算系统的维修度分布（$M(t)$）和可靠度分布（$R(t)$）作为仿真随机性来源。使用偏度峰度检验确认 $R(t)$ 服从对数正态分布，$M(t)$ 服从正态分布。

$$R(t)=\int_0^t \frac{1}{1.2\mathrm{t}\sqrt{2\pi}}\exp\left[-\frac{(\ln t-1.6)^2}{2.86}\right] \tag{6.4}$$

$$M(t)=\int_0^t \frac{1}{1.17\mathrm{t}\sqrt{2\pi}}\exp\left[-\frac{(t-1.32)^2}{2.74}\right] \tag{6.5}$$

在 Flexsim 的 Source 模块中，设定 *Interval* 服从 $R(t)$；在 Failed 模块中，设定 *Duration* 服从 $M(t)$。

②试验响应的序列化。在每次达到交货点时，调用 Changeover Decision 模块将试验响应值保存到 Gloab Table 中。

③决策点的选择。当生产仿真达到交货点时，达到换线决策点。

④事件记录器的实现。Flexsim 是一种事件触发的仿真程序，在其系统中定义了几十种生产系统中可能存在的事件。在 Flexsim 的仿真中，Trigger 选项定义事件发生时的相应触发及数据记录，当事件发生时，执行相应程序，并将仿真事件写入到一个 Gloab Table 的全局变量中。

⑤生产状态数据枚举器。生产状态数据枚举器负责读取生产现场数据，是专家决策实施的前提条件。制造系统仿真模型使用 if...then..else..then..嵌套结构枚举出生产状态矢量中变量的所有值。换线制造系统模型使用了多达 400 行二次开发代码实现此功能。

⑥决策数据推断以及决策实施模块。决策数据推断模块负责将模糊

的专家决策数据推断成专家实际想要达到的控制策略。根据推断结果，决策实施模块更改生产产品类型与物流路径，修改产品加工时间、产品的 Setup 时间以及撤销产品在线上的加工时间，并记录相应生产状态数据以及生产目标矢量数据。这是制造系统仿真模型的核心模块。某摩托制造系统仿真模型使用了多达 1300 行二次开发代码实现此功能。

⑦目标矢量算法器的实现。目标矢量算法器计算每次达到交互点时生产系统的评价指标。根据前面制造系统的综合评价指标体系，本案例中的制造系统仿真模型将采用三个目标变量，即订单准时完成率、换线总时间和换线技能指数。下面介绍目标矢量的计算方法。

a. 订单准时完成率（Order Fill，OF），即在一定时间内按时完成的订单数量与在此时间段内收到的总订单数量之比。其公式为：

$$OF=CN/TN \tag{6.6}$$

其中，CN 为准时完成的订单数(The number of orders completed on time)，TN 为收到的订单总数（The total number of orders received）。

b. 换线技能指数（Skills Factor，SF），用于评定制造团队的换线技能水平，$0<SF<1$，SF 值越大表示制造团队技能水平越高。其计算公式为：

$$SF=\frac{\sum_{i=1}^{n}\frac{\left(OL_i+\frac{HN_i}{NN_i}\right)}{3}}{n} \tag{6.7}$$

其中，OL_i 为第 i 个操作员换线技能的级别(Operator Level，OL)，NN_i 为第 i 个操作员从当前换线技能级别升级到下一换线技能级别所需要的换线次数，HN_i 为该操作员在当前级别中已经换线的次数，n 为操作员个数。

c. 换线总时间（TCT），指完成一定的订单序列所需要的总的换线时间。其计算公式为：

$$TCT=\sum_{j=1}^{m}\sum_{i=1}^{n}T_{ij} \tag{6.8}$$

其中，T_{ij} 为第 i 个操作员在第 j 次换线过程中所用的换线时间，m 为总换线次数。

在一轮仿真试验中，每调用一次目标矢量计算器，将根据上述公式重新计算相应矢量值。

使用 Flexsim 开发的制造系统仿真模型相关界面，如图 6.8 ~ 6.11 所示。

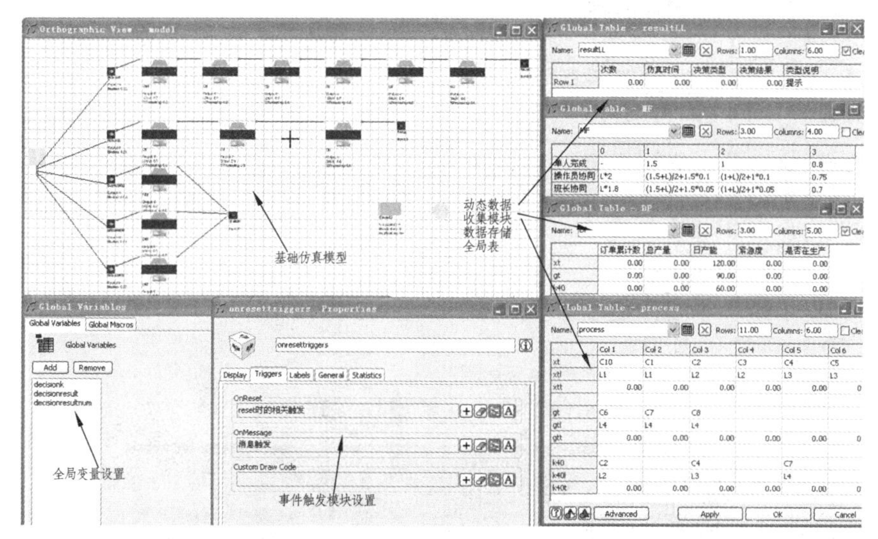

图 6.8　使用 Flexsim 建立的制造系统仿真模型界面

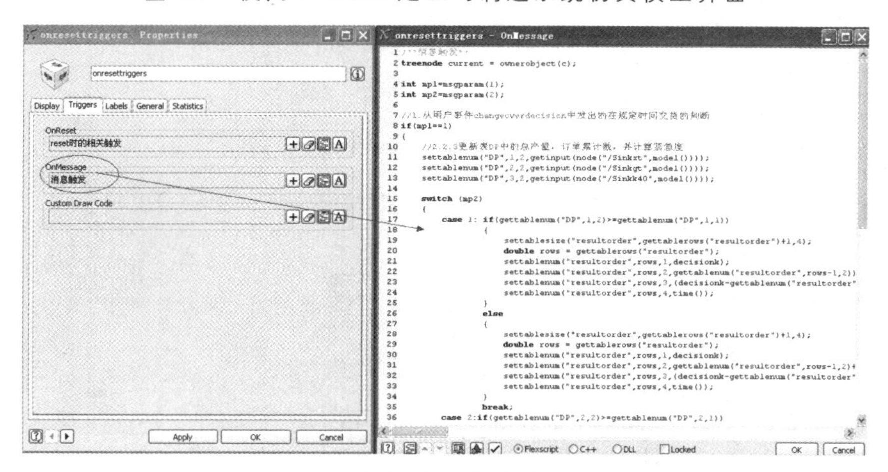

图 6.9　动态数据收集模块实现代码

```
1 //1.先使仿真停下来
2 stop();
3 //2.判断决策次数decisionk是否足够，这里按订单数设为15
4 decisionk=decisionk+1;
5 //2.1决策次数完成后的触发
6 if(decisionk>16)
7 {
8     ;
9 }
10 //2.2决策次数未达到时的触发
11 else
12 {
13     //2.2.1将当前到达的订单读取到orderlist的第17行暂存
14     settablestr("orderlist",17,1,gettablestr("orderlist",decisionk,1));
15     settablenum("orderlist",17,2,gettablenum("orderlist",decisionk,2));
16     settablenum("orderlist",17,3,gettablenum("orderlist",decisionk,3));
17     settablenum("orderlist",17,4,gettablenum("orderlist",decisionk,4));
18
19     //2.2.2发送延迟消息，在延迟后的时间交货
20     int ordertime=gettablenum("orderlist",17,3)*86400;
21     string ordertype=gettablestr("orderlist",17,1);
22     int ordertypenum=0;
23     if(ordertype=="xt") ordertypenum=1;
24     else
25     {
26         if(ordertype=="gt") ordertypenum=2;
27         else  ordertypenum=3;
28     }
29     senddelayedmessage(node("/onresettriggers",model()),ordertime,current,1,ordertypenum);//参数1=1，表
30
31     //2.2.3更新表DP中的总产量，订单累计数，并计算紧急度
32     settablenum("DP",1,2,getinput(node("/Sinkxt",model())));
33     settablenum("DP",2,2,getinput(node("/Sinkgt",model())));
34     settablenum("DP",3,2,getinput(node("/Sinkk40",model())));
35
36
37     if(ordertypenum==1) settablenum("DP",1,1,gettablenum("DP",1,1)+gettablenum("orderlist",17,2));
38     else
39     {
40         if(ordertypenum==2) settablenum("DP",2,1,gettablenum("DP",2,1)+gettablenum("orderlist",17,2));
41         else  settablenum("DP",3,1,gettablenum("DP",3,1)+gettablenum("orderlist",17,2));
42     }
43
44     double ul=(gettablenum("DP",1,2)-gettablenum("DP",1,1))/gettablenum("DP",1,3);
```

图 6.10　换线决策模块实现代码

Structure　No Update

```
1 int tasktype=gettablenum("resultchangeover",17,3);//换线任务的代号
2 int decisiontype=gettablenum("resultLL",1,3);//班长是进行换线任务紧急度判断或是协作请求的判断
3 if(decisiontype==1)
4 {
5 switch (tasktype)
6 {
7     case 1://"xt,gt->k40,换机床2/4/7"
8             createview("MAIN:/project/model/Tools/GUIs/GUI L2");
9             createview("MAIN:/project/model/Tools/GUIs/GUI L3");
10            createview("MAIN:/project/model/Tools/GUIs/GUI L4");
11            break;
12    case 2://"k40->gt,换机床7"
13            settablesize("resultL4",gettablerows("resultL4")+1,6);
14            double rows = gettablerows("resultL4");
15            settablenum("resultL4",1,1,rows-1);
16            settablenum("resultL4",1,2,time());
17            settablenum("resultL4",1,3,3);
18            settablestr("resultL4",1,5,"提示：请决定换线任务是否需要他人协作");
19            settablenum("resultL4",rows,1,rows-1);
20            settablenum("resultL4",rows,2,time());
21            settablenum("resultL4",rows,3,3);
22            settablestr("resultL4",rows,5,"提示：请决定换线任务是否需要他人协作");
23            createview("MAIN:/project/model/Tools/GUIs/GUI L4");
24            break;
25    case 3://"xt->k40,k40->gt,换机床2/4/7"
26            createview("MAIN:/project/model/Tools/GUIs/GUI L2");
27            createview("MAIN:/project/model/Tools/GUIs/GUI L3");
28            createview("MAIN:/project/model/Tools/GUIs/GUI L4");
29            break;
30    case 4://"xt->k40, 换机床2/4"
31            createview("MAIN:/project/model/Tools/GUIs/GUI L2");
32            createview("MAIN:/project/model/Tools/GUIs/GUI L3");
33            break;
34    case 5://"k40->xt, 换机床2/4"
35            createview("MAIN:/project/model/Tools/GUIs/GUI L2");
36            createview("MAIN:/project/model/Tools/GUIs/GUI L3");
37            break;
38    case 6://"k40->gt,xt, 换机床2/4/7"
39            createview("MAIN:/project/model/Tools/GUIs/GUI L2");
40            createview("MAIN:/project/model/Tools/GUIs/GUI L3");
41            createview("MAIN:/project/model/Tools/GUIs/GUI L4");
42            break;
43    default: break;
```

图 6.11　加载用户界面代码实现

3. 某摩托车发动机生产单元换线决策交互仿真模型

交互仿真模型是在制造系统仿真模型的基础上，实现仿真模型与专家交互和交互过程决策数据收集两个功能。交互仿真模型通过使用 Visual C++对 Flexsim 进行二次开发来实现。具有人机接口界面的交互仿真程序的如下：

（1）交互仿真主程序（单文档应用程序）使用 Impot 指令技术生成 Flexsim 的 COM 接口方法的包装类。

（2）使用包装类生成的智能指针加载和运行制造系统仿真模型。

（3）单文档应用程序加载与制造系统仿真模型通信的 DLL。

（4）当 Flexsim 运行到决策点时，将运行过程中与决策有关的数据写入到 Tablefile 中。

（5）Flexsim 加载通信 DLL，将 Tablefile 中的数据传输到 DLL 中的专家决策数组中，使用一系列交互界面显示决策数据（包括生产运行参数和目标矢量历史数据），并要求专家根据生产状态矢量值和目标矢量历史数据，在相应的界面上输入相应的控制策略矢量值。

（6）将通信 DLL 中的全局变量设置为可读、可写和可共享的属性，实现与文档应用程序的通信。当 Flexsim 卸载通信 DLL 时，发送一个消息。

（7）在单文档应用程序中设置 HOOK 截获专家决策完毕的消息，当消息发生时在文档程序中读入 DLL 中的专家决策数组。

（8）将读入到的专家决策数组写入到 List 控件中，并采用 ADO 数据库访问技术将数据写入到 Access 中，单文档应用程序卸载通信 DLL。

通过上述步骤，完成了具有人机接口界面的交互仿真程序的开发。具有高度交互特性（仿真程序与专家之间的交互）和决策结果反馈性的交互仿真，并在决策过程及时获取生产现场的数据，并根据生产目标矢量的历史数据及时修正控制策略。

4. 某摩托车发动机生产单元换线决策交互仿真过程

随机选择三个专家从事三个不同生产任务的交互仿真，保存生产目标矢量的过程数据（见表 6.1 ~ 6.3）并进行分析。

表 6.1　专家 1 从事任务 1 的生产目标矢量过程数据

No	1	2	3	4	5	6	7	8	9	10	11	12
TCT	0	0	43	70	70	70	0	93	93	106	103	142
OF	0.00	0.50	0.67	0.50	0.60	0.67	0.71	0.63	0.67	0.70	0.73	0.75
SF	0.00	0.04	0.30	0.30	0.26	0.26	0.33	0.38	0.38	0.35	0.37	0.37

表 6.2　专家 2 从事任务 2 的生产目标矢量过程数据

TCT	0	57	92	92	181	95	99	99	100	132	101	90
OF	1.00	1.00	0.67	0.75	0.80	0.83	0.86	0.88	0.89	0.90	0.82	0.83
SF	0.04	0.33	0.31	0.31	0.30	0.32	0.31	0.34	0.35	0.37	0.35	0.34

表 6.3　专家 3 从事任务 3 的生产目标矢量过程数据

TCT	0	63	96	151	192	201	283	227	260	291	291	291
OF	1.00	1.00	1.00	1.00	1.00	1.00	1.00	0.88	0.89	0.90	0.91	0.92
SF	0.08	0.39	0.39	0.38	0.44	0.47	0.47	0.44	0.45	0.49	0.47	0.47

根据判稳算法，解得随机条件下，不同专家从事不同任务的聚类结果，如表 6.4 所示。

表 6.4　聚类结果

专家 1/任务 1		专家 2/任务 2		专家 3/任务 3	
样本数	类	样本数	类	样本数	类
1	2	1	2	1	2
2	2	2	1	2	1
3	1	3	1	3	1

续表

专家 1/任务 1		专家 2/任务 2		专家 3/任务 3	
4	1	4	1	4	1
5	1	5	1	5	1
6	1	6	1	6	1
7	1	7	1	7	1
8	1	8	1	8	1
9	1	9	1	9	1
10	1	10	1	10	1
11	2	11	1	11	1
12	1	12	1	12	1

根据表 6.4 的结果，只需选择 12 个样本，即可满足交互仿真的稳定要求。再根据生产线的年生产计划，确定 3 种常见的生产计划作为试验的水平，分别为：

Plan1：*xt*-*k*40-*gt*-*k*40-*xt*-*k*40-*gt*-*k*40-*xt*-*k*40-*gt*-*k*40，

Plan2：*gt*-*xt*-*k*40-*xt*-*gt*-*xt*-*k*40-*xt*-*gt*-*xt*-*k*40-*xt*，

Plan3：*k*40-*gt*-*xt*-*gt*-*k*40-*gt*-*xt*-*gt*-*k*40-*gt*-*xt*-*gt*。

交互仿真的响应结果如表 6.5 所示。将置信水平 α 设置为 0.025，根据析因理论分析表 6.5 的数据，得到表 6.6 所示的结果。

表 6.5　试验数据

TCT	Plan1	Plan2	Plan3	*OF*	Plan1	Plan2	Plan3	*SF*	Plan1	Plan2	Plan3
Operator1	58	126	74	Operator 1	0.9992	0.9993	0.9991	Operator 1	0.36887	0.483080	0.429531
	54	49	49		0.9992	0.9994	0.99999		0.348649	0.470376	0.341356
	35	76	54		0.99968	0.916668	0.916668		0.341356	0.447368	0.46886
Operator 2	97	96	92	Operator 2	0.916668	0.76	0.76	Operator 2	0.362946	0.37386	0.433149
	90	73	83		0.833334	1	0.833334		0.342378	0.464065	0.484121
	65	33	122		0.76	0.666677	0.99999		0.363375	0.434342	0.493049

续表

TCT	Plan1	Plan2	Plan3	*OF*	Plan1	Plan2	Plan3	*SF*	Plan1	Plan2	Plan3
Operator 3	91	96	104	Operator 3	0.99999	0.666677	0.916677	Operator 3	0.336193	0.364703	0.494702
	42	75	122		0.76	0.99999	0.99999		0.260343	0.419833	0.516598
	56	108	110		0.76	0.916677	0.916677		0.335762	0.408062	0.467466
Operator 4	100	103	101	Operator 4	0.833334	0.916677	0.833334	Operator 4	0.395458	0.397786	0.395466
	50	73	212		0.583334	0.999999	0.916677		0.317523	0.564496	0.422326
	130	90	152		0.916677	0.916677	0.916677		0.345545	0.406586	0.405603

表 6.6　检验结果

P-Value	*TCT*	*OF*	*SF*
Operator	0.485526129	0.051515386	0.858582532
Plan	0.000124569	0.470623	6.31233E-06
Interaction	0.516017369	0.657408386	0.049094605

综上所述，得到以下结论：

（1）在换线总时间（*TCT*）试验中，交互作用对响应有显著影响（*P-Value*>*α*）。因此，为降低换线时间，当执行 Plan1 与 Plan3 时，采用 Operator4 的策略（当执行 Plan1 与 Plan3 时，采用 Operator4 的控制策略可以使得换线平均时间最小）；当执行 Plan2 时，采用 Operator2 的策略（当执行 Plan2 时，采用 Operator2 的控制策略可以使得总换线时间最小）。

（2）在订单准时完成率（*OF*）试验中，交互作用对响应有显著影响（*P-Value*>*α*）。因此，为确保订单完成，当执行 Plan1 与 Plan2 时，采用 Operator1 的策略（当执行 Plan1 和 Plan2 时，采用 Operator1 的控制策略可以使得订单完成率均值最大）；当执行 Plan3 时，采用 Operator3 的策略（当执行 Plan3 时，采用 Operator3 的控制策略可以使得订单完成率均值最大）。

（3）在换线技能指数（*SF*）试验中，交互作用对响应没有显著影响（$P\text{-}Value<\alpha$），但是人员对响应有显著影响（$P\text{-}Value>\alpha$）。因此，计划与人员不存在交互影响，但是专家的决策对提高 *SF* 有影响。为提高 *SF*，可采用 Operator2 的策略。

通过计算仿真的稳定性，结合根据某摩托车的生产计划，本节确定了专家决策规则遴选的试验方案（试验的效应、试验的响应和试验方法）根据析因试验的结果，本节抽取了在特定生产目标和生产计划下的最优生产控制策略，并将抽取结果保存到 Access 中。

6.2.4　某摩托车发动机生产单元换线决策专家系统推理机的构建

在某摩托车发动机生产单元换线决策案例中，利用交互仿真进行知识获取后，使用生产单元采集处理后的数据构建推理机和解释机制。在构建推理机和解释机制前，应首先以控制策略矢量作为换线决策推理机推理的对象进行相关性分析。根据前面所述，换线决策知识中控制策略矢量包括换线前持续生产前道工序时间（*HT*）、换线策略（*CM*）和换线方式（*CLS*）三个变量。为方便操作人员理解，需要解释机制对推理机的推理过程做出解释，由此需要构建多个神经网络，同时验证不同控制策略变量是否存在相关性。结合 SPSS 软件，运用 Kendall 或者 Spearman 方法对控制策略矢量中的变量进行等级相关性分析（计数型资料），结果如表 6.7 所示。

表 6.7　相关性分析结果

概率 *P*	*HT&CM*	*HT&CLS*	*CM&CLS*
Kendall	0.0004536	0.412569231	0.318204127
Spearman	0.000317123	0.415123023	0.320484106

从表 6.7 可以看出：控制策略变量 *HT* 与 *CLS* 是不相关的（$P>0.05$）；

*CM*与*CLS*是不相关的（$P>0.05$）；*HT*与*CM*是相关的（$P<0.05$）。根据分析结果，推理机需要构建针对*HT*和*CM*进行分类以及针对*CLS*进行分类的两个神经网络；其次，使用继承原始变量95%信息量的主成分系数，将生产目标和生产计划作为两个新的变量加入到生产状态矢量中进行生产状态矢量降维，这一过程可在Matlab中使用Prepca命令完成；最后，构建神经网络，计算Fisher分类系数，并运用*HT*和*CM*控制策略变量训练神经网络，将训练样本进行四折交叉验证，选择最好的一组*mse*分类方案作为测试样本和训练样本。值得注意的是，测试样本必须覆盖*HT*和*CM*的全部实例。将测试样本和测试结果组成训练样本，进行Fisher分类，获得Fisher分类系数。对于布尔型*CLS*控制策略变量，可使用分类神经网络进行分类，并对其训练样本进行四折交叉验证，选择*mse*最小的一组分类方案作为其训练样本和测试样本。

在Matlab中，采用分类神经网络和回归神经网络，对某摩托车发动机生产单元换线专家决策数据进行分类和回归。首先，使用回归神经网络对*HT*和*CM*进行回归，使用分类神经网络对*CLS*进行分类（Newpnn命令）；其次，进行四折交叉验证；最后，使用*HT*和*CM*的测试样本计算Fisher分类器系数（*HT*可能的取值是{0，1，2，3}，可构建4个Fisher线性分类器；*CM*可能的取值是{1，2，…，9}，可构建9个Fisher线性分类器）。

推理机构建过程如下：

（1）对生产状态矢量进行降维和归一化。

（2）四折交叉验证出所需要的样本（训练样本108个、测试样本20个），选择测试效果最好的一组样本进行训练。

（3）用训练完毕的神经网络对测试样本进行推理，得到神经网络预测值。结合神经网络预测值和实际值，将测试样本进行Fisher分类。计算得出的Fisher分类器系数如表6.8和表6.9所示。其中，*VAR*1表示Fisher分类变量的系数，Constant表示Fisher分类系数的常数项，融合分类器对*HT*和*CM*测试样本的分类正确率分别为63%和82%。

表 6.8　*HT* 的 Fisher 分类器系数

HT	0	1	2	3
VAR1	2.7521409	1.3259578	−0.9881012	−0.45471133
(Constant)	−1.4617806	−1.4038241	−1.3960214	−1.3883412

表 6.9　*CM* 的 Fisher 分类器系数

CM	1	2	3	4	5	6	7	8	9
VAR1	4.308	6.351	5.872	4.021	5.237	5.436	5.758	5.479	4.532
(Constant)	-22.198	-19.7115	-25.6238	-15.3623	-21.2701	-20.9224	-22.5278	-21.1236	-15.3322

（4）将神经网络与 Fisher 分类器聚合（即将神经网络回归的结果送入到 Fisher 分类器中，判断最终的类别）。

（5）以.mat 文件格式保存最终生成的神经网络，并作为算法库的一部分。

控制策略变量 *CLS* 为布尔型数据，换线决策专家系统采用遗传神经网络技术对布尔型数据进行分类（测试样本的分类准确率达到了 75%，如图 6.12 所示），并将生成的网络保存，作为算法库的一部分。

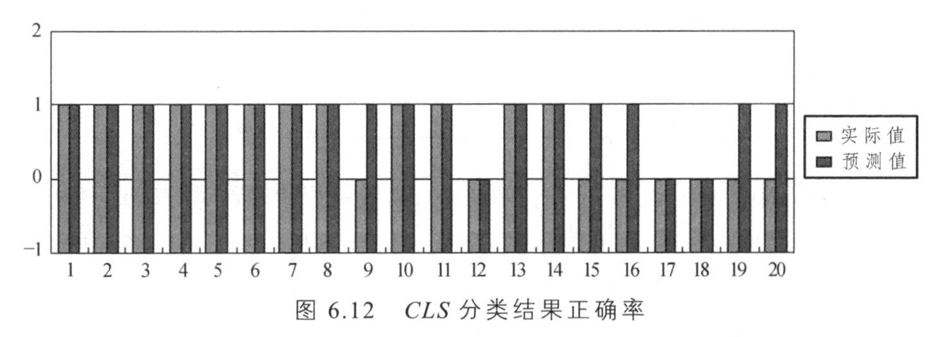

图 6.12　*CLS* 分类结果正确率

（6）使用 Matlab 完成对生产状态矢量进行分类的推理机的构建，并保存生成的神经网络作为算法库。

6.2.5 某摩托车发动机生产单元换线决策专家系统解释机制的构建

在某摩托车发动机生产单元换线决策案例中，换线决策专家系统解释机制需要实现的功能包括：(1)对知识库中样本进行扩充；(2)采用 Bootstrap 技术对知识样本进行随机抽样，建立决策森林；(3)根据决策树，进行文本预置。

换线决策专家系统解释机制的具体实现过程如下：

(1)基于主成分分析数据扩充知识库样本在对生产状态矢量运用主成分分析方法进行降维后，计算各变量对主成分的累积贡献率。生产状态变量对所有主成分的累积贡献率如表 6.10 所示。

表 6.10　生产状态变量对所有主成分的累积贡献率

变量编号	1	2	3	4	5	6	7	8	9	10
贡献率	0.961	0.657	0.832	0.843	0.271	0.959	0.679	0.865	0.858	0.659
变量编号	11	12	13	14	15	16	17	18	19	20
贡献率	0.863	0.617	0.739	0.725	0.673	0.942	0.928	0.961	0.941	0.961
变量编号	21	22	23	24	25	26	27	28	29	
贡献率	0.959	0.816	0.959	0.959	0.961	0.793	0.657	0.866	0.629	

根据表中的结果，结合生产实际，得到累积贡献率最大的变量组为{*order_amount*，*gt_left_manufacturing*，*xt_left_time*，*order_kind*，*xt_left_ manufacturing*，*k40_left_time*，*k40_left_manufacturing*，*plan*，*xg*}。本节以模式 *HT*=2 为例，介绍 ROC 分析的过程。

控制变量 *HT* 的模式有{0，1，2，3}，而 ROC 曲线技术只能用于两种分类模式，因此在运用 ROC 技术的时候，需要对 *HT* 分类模式进行特殊处理。例如，当需要模式为 2 的最小敏感区间时，将其他模式作 0 处理。在模式 $HT=2$ 时的 ROC 曲线图如图 6.13 所示。

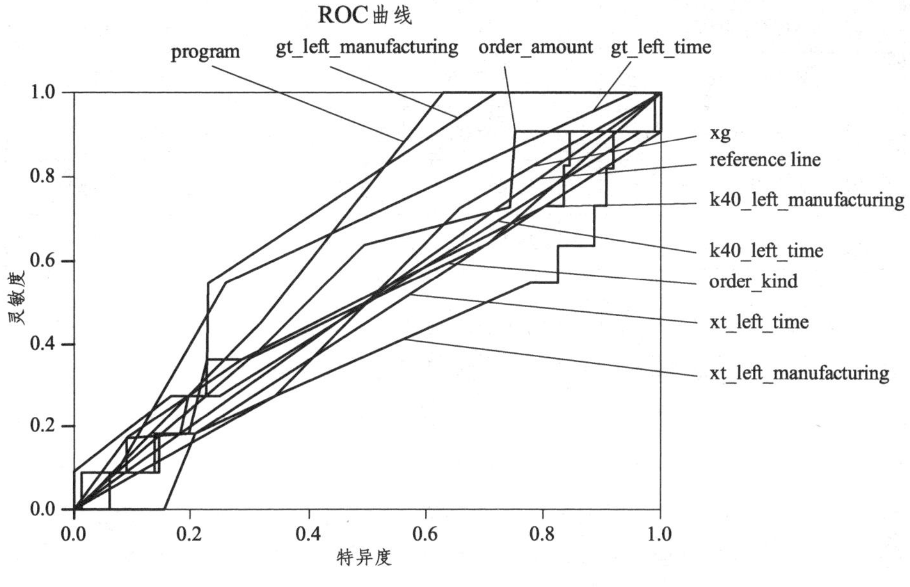

图 6.13　$HT=2$ 的 ROC 曲线图

在图 6.13 中，纵坐标代表灵敏度，表示在模式 $HT=2$ 时进行正确分类的概率；横坐标代表特异度，表示对其他分类模式进行错误分类的概率（即不属于模式 $HT=2$ 的样本被划分为模式 $HT=2$ 的概率）。根据生成的曲线图，计算出不同变量生成的 ROC 曲线图的面积及其对应的 ROC 曲线面积（0.5）的显著性水平值，从而判断出最佳变量，如表 6.11 所示。

表 6.11　$HT=2$ 的 ROC 曲线面积与显著性水平表

Test Variable	*Area*	*Std. Error*	*Asymptotic Sig*
Xg	0.50002	0.085657	0.9999967
Program	0.6686231	0.0652127	0.0674899
order_amount	0.5660379	0.0947293	0.473933
order_kind	0.5008	0.0987142	0.9996773
k40_left_manufacturing	0.5070332	0.10056	0.9392377
K40_left_time	0.5079551	0.1040236	0.9311869

续表

Test Variable	*Area*	*Std. Error*	*Asymptotic Sig*
gt_left_time	0.6452258	0.0875796	0.1153902
gt_left_manufacturing	0.6954101	0.0671642	0.0341792
xt_left_time	0.4376874	0.0921038	0.4993559
xt_left_manufacturing	0.3917732	0.1011058	0.2407402

根据表 6.11 的结果，*gt_left_manufacturing*（*Asymptotic Sig*<0.1 且 *Area* 最大）是在模式 *HT*=2 下的最佳变量。

根据最佳变量值，计算出该最佳变量的最小敏感区间。以模式 *HT*=2 为例，部分 ROC 曲线纵坐标值如表 6.12 所示。根据表 6.12 可知，在区间（[-41.5，9.6]∪[36.5，57.5]）上，由于 $Criterion=1-((1-Sensitivity)_j-(1-Sensitivity)_{j-1})$最大，表明在模式 *HT*=2 下，决策树在区间（[-41.5，9.6]∪[36.5，57.5]）上进行分类的出错概率较大，因此需要在此区间扩大样本。

表 6.12　模式 *HT*=2 的 ROC 曲线灵敏度坐标值

+ if ≥	-27	-9.6	8	21	32	36.5	57.5
Sensitivity	1	1	0.545466	0.454546	0.363636	0.181833	0.181833
1-*Sensitivity*	0	0	0.454546	0.090908	0.090908	0.181833	0
Criterion	1	1	0.545466	0.909092	0.909092	0.818133	1

如上所述，在不同模式下生成的最小敏感区间，可能存在不重合的情形（本换线决策专家系统推理机包含有两个神经网络：其中一个推理 *HT* 和 *CM*，支持 36 种分类模式；另外一个推理 *CLS*，支持 2 种分类模式），因此需要采用前面介绍的交操作方法，计算出变量 *i* 的最小敏感区间。下面以表 6.13 和表 6.14 中的数据为例，具体描述交操作过程。

表 6.13 *gt_left_manufacturing* 在模式 *HT*=2 下的最小敏感区间

区间边界	区间 1	区间 2	区间 3	区间 4
区间上限	-852	36.5	149	322.5
区间下限	-9.6	137	276	367

表 6.14 *gt_left_manufacturing* 在 *CM*=1 模式下最小敏感区间

区间边界	区间 1	区间 2	区间 3	区间 4	区间 5	区间 6
区间上限	-852	-108.5	22	57.5	82.5	249.5
区间下限	-126	-9.6	33	81.5	242	323.5

根据表 6.13 和表 6.14 中的数据，*gt_left_manufacturing* 变量的交操作结果为（[-852，-126]∪[-108.5，-9.6] ∪[57.5，81.5] ∪[82.5，137] ∪[149，242]∪[249.5，276]∪[322.5，323.5]）。根据前面的描述，所有最佳变量的最小敏感区间分别为：

program：[2.5，4]

xt_left_manufacturing：（[-852，-11]∪[37，426.5]）

order_kind：[0，4]

order_amount：（[199，276] ∪[351，451]∪[560，770]）

k40_left_manufacturing：（[-990，-261.5]∪[-225.5，-17]∪[6，52.5]∪[158.5，216.5]∪[242，251]∪[269.5，361]∪[367.5，394.5] [414，506]）

gt_left_manufacturing：（[-852，-126]∪[-108.5，-9.6]∪[57.5，81.5]∪[82.5，137]∪[148，243]∪[248.5，276]）

xg：[0，1.5]，xt_left_time：[-5，3.5]

根据上述几个变量划分出的最小敏感区间，可以得出知识库中样本在此区间里的分布状况。其具体操作步骤为：

①利用非参数检验方法（K-S 检验）对变量 *i* 服从的分布进行检验（正态分布、泊松分布、均匀分布或指数分布），根据检验结果（显著性水平概率 *P* 值）决定变量 *i* 服从的分布 DISTR*i*（$P>0.05$ 且 DISTR*i* 的 *P* 值在四种分布中最大）；

②对于 DISTRi 的参数进行最大似然估计，得出 DISTRi 的具体分布形式；

③根据 DISTRi 的分布形式使用 Excel 建立随机数生成器；

④建立一个服从均匀分布的随机数生成器，用于选择 DISTRi 生成的随机数。

下面对上述四个步骤进行具体描述。

①使用 K-S 检验方法对变量 *i* 进行检验，并根据四个检验的结果（概率 *P* 值），决定变量 *i* 的最佳分布。表 6.15 为变量 *xt_left_manufacturing* 的检验结果。

表 6.15　变量服从分布 K-S 检验结果示例

检验方法	正态分布	均匀分布	泊松分布	指数分布
K-S 检验概率 *P* 值	0.401	0.01	无意义	0.105

根据上表结果，正态分布的概率 *P* 值大于 0.05，且在四个结果中最大，因此变量 *xt_left_manufacturing* 服从正态分布。

②使用最大似然估计计算出变量的分布参数。计算出的分布形式、均值、标准差以及概率 *P* 值如表 6.16 所示。其中，对于一些 K-S 检验不能检定的变量，要根据实际情况进行处理。

表 6.16　变量的分布形式和参数

变量	分布形式	均值	标准差	概率 *P* 值
xt_left_manufacturing	正态分布	-125.456	302.78	0.412
gt_left_manufacturing	正态分布	-110.237	249.696	0.639
k40_left_manufacturing	正态分布	-115.526	418.9549	0.8181501

③根据前面计算出的参数，生成随机数。这些随机数与一个变量 *Seed* 有关。因此，在扩充知识库时，需要通过选择不同的 *Seed*，生成不同的随机数列，并选择其中最符合生产实际的数列作为最终生成的样本。另外，对于一些 K-S 检验不能检定的变量，要根据实际情况进

行处理。例如，对于变量 *ORDER_KIND*，根据实际情况应该是服从离散的均匀分布，其随机数生成器应为：

$$RANDOM=Rounddown(UNIFORM(Seed, Lowerbound, Upperbound)) \tag{6.9}$$

其中，UNIFORM 为均匀分布随机数产生器，*Seed* 为随机种子，Rounddown 操作将生成的随机数向下回滚到最小整数。

④建立随机组合发生器。如果将不同变量进行线性组合，将会出现超过 Access 最大存储能力的问题，因此需要采用一种机制控制过多样本的产生。下面介绍控制样本生成数量的随机组合方法。生成一个离散均匀随机组合发生器，其下限为 1，上限为 51（每个变量生成 50 个样本）。使用此发生器生成 240 个随机数（30 个样本×8 个变量）。从第 1 个随机数开始，每 8 个随机数顺序地指定最佳变量的组合形式。例如，（11，14，50，40，42，2，12，16）代表这个样本组合中使用 *program* 变量生成的第 11 个随机数，14 代表 *xt_left_manufacturing* 变量生成的第 14 个随机数，以此类推。

利用上述方法将变量 i 生成的随机数进行随机组合，得到一组（30 个）样本。对于不属于最佳变量组的其他生产状态矢量，根据其知识库中已有数据的上下限，使用均匀分布生成 30 个样本。将两组样本进行组合，从而生产一组（30 个样本）生产状态矢量。注意，扩充知识库是针对一个神经网络而言的，因此扩充到知识库中的样本数量总共为 60 个。

（2）使用神韵 Oracle 计算扩充样本所对应的控制策略值：①将这 60 个样本送入到回归神经网络中进行计算，并将计算结果进行 Fisher 分类，其分类结果即为神韵 Oracle 的返回结果；②将这 60 个样本送入到推理 *CLS* 变量的分类神经网络中进行分类，并将分类结果作为神韵 Oracle 的返回结果；③将上述的推理结果和生产状态矢量一起存入到知识库中，进行 Bootstrap 抽样。

（3）通过 Bootstrap 抽样生成 3 组容量为 30 的样本组：①根据 Bootstrap 抽样法，建立一个离散均匀随机数产生器（如式（6.9））；

②生成 30 个随机数，对应 30 个样本编号；③根据样本编号，将这些样本组合生成一个样本组；④改变产生器的 *Seed* 变量 3 次，生成 3 个不同样本组。

（4）构建随机森林：①通过 Bootstrap 抽样构建出 3 组容量为 30 的样本，使用上述样本分别建立 9 个 CART 决策树（控制策略变量 i 使用样本组 j 建立一个 CART 决策树 CART_TREEij）；②构建推理机时，将归一化后的生产状态矢量降成 8 维；③使用降维后的综合指标构建 CART 树。使用 Matlab CART 决策树包算出的三个独立样本的 CART 树（预测控制策略变量 *CM*）如图 6.14 ~ 6.16 所示。

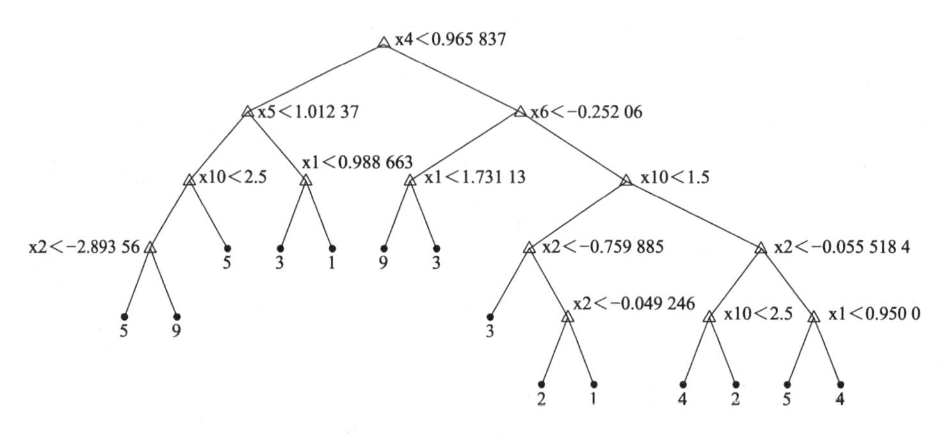

图 6.14　使用随机样本 1 建立的对 *CM* 进行预测的 CART 树

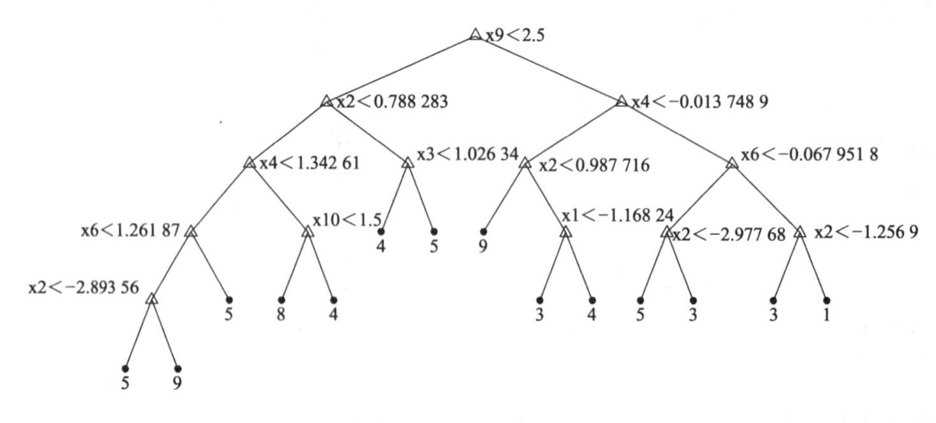

图 6.15　使用随机样本 2 建立的对 *CM* 进行预测的 CART 树

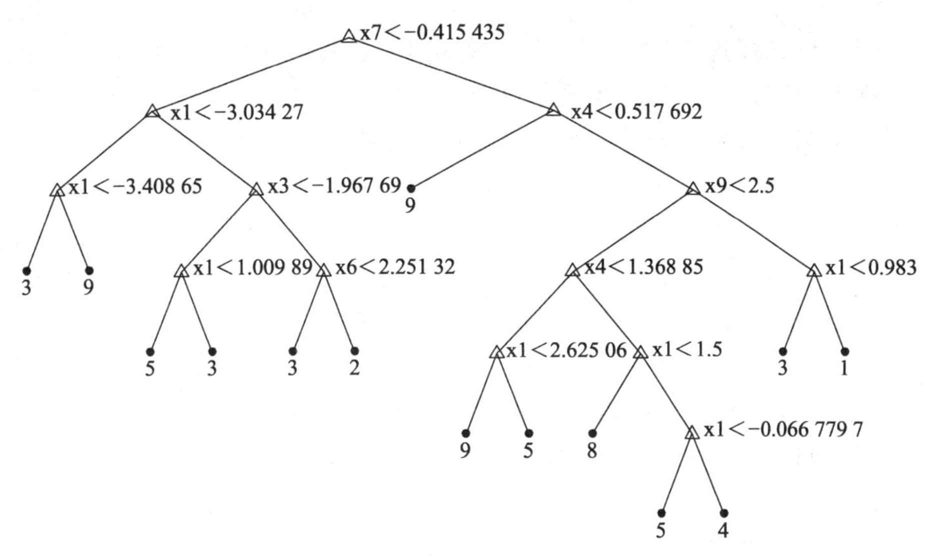

图 6.16　使用随机样本 3 建立的对 *CM* 进行预测的 CART 树

在上述三个图中，x1～x8 代表生产状态矢量降维后的综合指标，x9～x10 代表生产计划和生产目标变量，共生成静态规则 42 条（决策树 1 节点+决策树 2 节点+决策树 3 节点）。

当输入生产状态矢量、生产计划和生产目标变量后，三个 CART 树分别对这些变量进行判别。选择判别结果与神经网络预测值一致的决策树，并返回此决策树编号，使用此决策树生成的规则作为动态规则。采用随机森林技术对测试样本中生产状态矢量进行分类的结果（针对控制策略变量 *CM*）如表 6.11 所示。

表 6.11　随机森林推理结果和推理机推理结果对比
（针对控制策略变量 *CM*）

编号	1	2	3	4	5	6	7	8	9	10	11	12	13	14	15	16	17	18	19
推理机	8	9	1	4	2	2	1	4	2	3	3	3	3	2	1	5	2	4	9
决策树 1	8	9	9	4	5	5	8	4	4	4	9	5	4	1	5	5	3	4	4
决策树 2	2	9	1	9	2	3	1	9	2	5	9	5	3	2	5	5	5	4	9
决策树 3	8	9	9	9	2	5	3	9	4	3	3	3	9	2	9	5	9	4	9

在表 6.11 中，随机森林分类推理出的结果的保真度达到了 84%，

表明随机森林抽取出的推理机的规则具有较高的保真度。对于一些矛盾推理规则，可以使用推理机的推理结果作为判断标准去解决，这样提取出规则就具有两个特性（动态和静态特性）：静态特性可以使提取出来的总规则与推理机之间保持较高的保真特性；动态特性可以使推理机与抽取出来的规则之间保持高的一致性。

（5）预置文本，即将被抽取的规则以文本的形式进行描述，使解释机制具有较高的理解性。提取出来的规则如果具有以下三个信息黑洞，可能会影响最终用户的理解：

① 第一个信息黑洞是决策树使用归一化的降维数据。由于这些数据是归一化后的原始变量的线性组合，而对原始变量进行归一化并不改变原始变量对降维数据的相关程度，因此只需要根据线性组合系数给定原始变量与降维变量之间关系即可（见表 6.12），预置文本为“正/负相关”。

表 6.12　部分原始变量与降维变量的关系表

编号	*xtexperiment*	*xtinventory_status*	*xtleft_time*	*xtleft_manufacturing*	*xtfailed_left_time*
变量 1	—	—	+	+	—
变量 2	—	+	—	+	+
变量 3	+	+	+	—	+
变量 4	—	—	—	+	—
变量 5	+	—	—	—	—
变量 6	—	+	—	—	—
变量 7	—	+	+	—	—
变量 8	+	+	+	+	—

* “-”代表负相关，“+”代表正相关。

② 第二个信息黑洞是对规则的最终表达。由于决策树对规则的表达不是很直观，因此需要对决策树的信息进行文本预置。以决策树 1 为例，对其中一条规则可以描述如下：规则 n：如果综合指标 4 小于 0.9629，综合指标 5 大于 1.01，则执行换线策略 k40 换成箱体。

③ 第三个信息黑洞为随机森林生成的动态规则，即当输入生产

状态信息、生产计划和生产目标后，随机森林返回与神经网络推理结果一致的决策树编号。当随机森林返回动态规则后，预置文本为“针对目前生产信息，最好规则为第 $i \sim j$ 条”。

6.2.6 生产换线决策专家系统程序的实现

生产换线系统的整体结构包括两层：第一层是服务提供层，第二层为接口层，如图 6.17 所示。

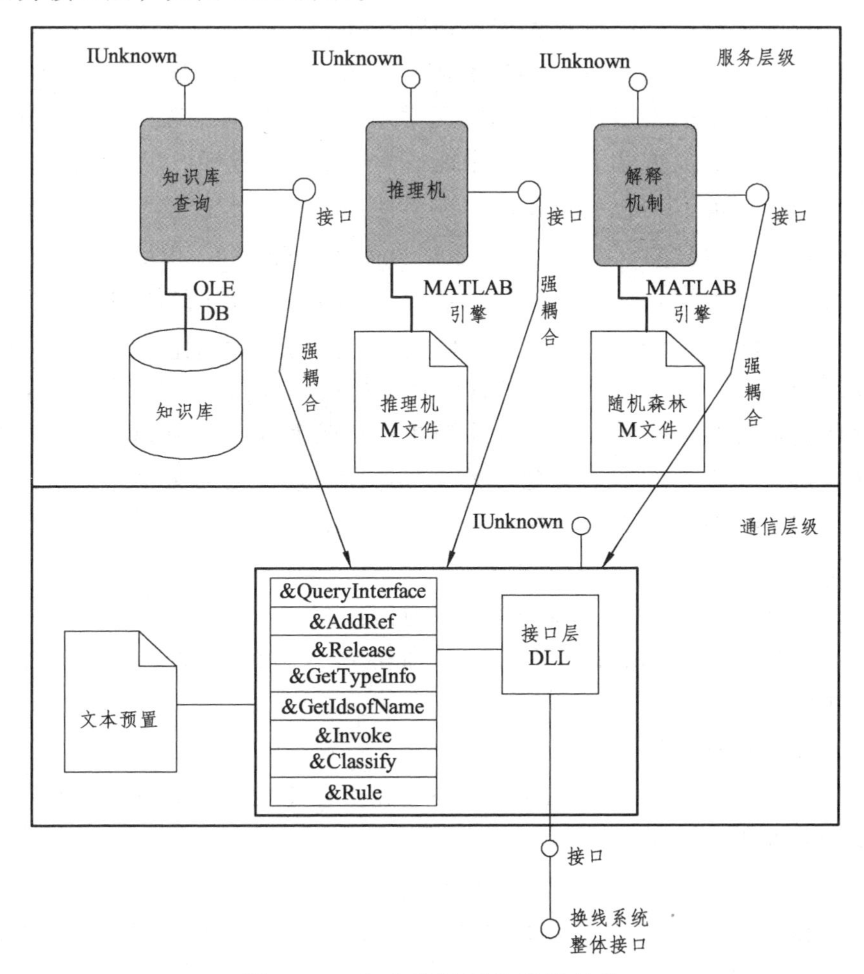

图 6.17 生产换线系统整体结构

外界的程序通过调用接口层方法来访问服务提供层，因此生产换线系统的程序实现包括服务层相关模块开发、接口层相关模块开发以及接口层与服务层耦合机制的实现三部分。

1. 服务层开发实现

（1）知识查询模块的实现。知识查询在生产换线决策专家系统中的作用是实现推理机的自联想功能。推理机在进行推理时，可能与知识库中存储的生产换线知识存在差异，因此需要查询知识库中原始数据，实现推理机的自联想，进而消除差异。

某摩托车发动机生产换线系统采用 ATL（Active Template Lib，活动模板库）中的 OLE DB 技术实现对知识库的查询。选择 OLE DB 技术中 Consumer 方式，创建一个能够对数据源、会话、命令和行集对象进行访问的 C++包装类（此包装类使用模板技术封装了上述对象的接口，这样避免对 OLE DB 原始接口的聚合操作）。在这个包装类上实现查询参数绑定，并为命令对象指定 SQL 查询语句"SELECT CM，HT CLS FROM TABLE WHERE QUERY_CONDITION1 AND QUERY_CONDITION1…"，然后在打开行集的基础上，执行 Movenext 操作，遍历整个行集。创建一个简单 COM 对象，并创建一个接口方法，负责传入查询参数到包装类，并返回包装类的查询结果。

（2）推理机模块的实现。在 Matlab 中以 M 文件方式实现推理机，该推理机工作过程如下：

①加载神经网络实现文件（即前面保存的.mat 文件）；

②进行数据预处理、归一化处理和 PCA 降维（乘以 PCA 降维系数矩阵）；

③进行神经网络预测；

④对预测结果进行 Fisher 分类（先乘以系数项，再加上定值项，据此判断出最大值所在的行）；

⑤输出结果（注意 *CLS* 只需要进行神经网络分类即可）。

在 Matlab 中完成推理机构建之后，使用 ATL 技术封装上述 M 文件，其过程如下：

①加载 Matlab 引擎技术需要的头文件和库文件；

②创建一个 COM 简单对象，添加一个接口方法；

③在这个接口方法上打开 Matlab 引擎，并将接口方法的输入参数传入到 Matlab 引擎中，调用上述的 M 文件；

④将 M 文件的计算结果返回给接口方法的输出参数。

（3）解释机制模块的实现。在 Matlab 中以 M 文件方式实现解释机制。该解释机制工作过程如下：

①加载生成的决策树文件；

②进行数据预处理、归一化处理和主成分分析降维（乘以 PCA 降维系数矩阵）；

③使用决策树对数据进行预测，并返回预测结果。在 Matlab 中完成推理机的构建之后，使用 ATL 技术封装上述 M 文件，其过程如下：第一步，创建一个 COM 简单对象，添加一个接口方法；第二步，在这个接口方法上打开 Matlab 引擎，并将接口方法的输入参数传入到 Matlab 引擎中，再调用上述 M 文件；第三步，将 M 文件的计算结果同神经网络的预测结果进行对比，并将与神经预测结果一致的决策树计算结果置为 1，不一致的置为 0。最后返回决策树计算结果值。

2. 整体接口的实现

整体接口封装了推理机调用方法和解释机制调用方法。

推理方法封装了服务层级的知识库查询和推理机两个接口，根据用户输入，查询知识库：如果知识库中存在与当前输入一致的决策样本，取出控制策略变量数据，推理过程结束；否则，执行神经网络分类和 Fisher 分类。

解释方法根据用户输入，调用服务层的解释模块。根据服务层的解释模块返回的结果和预置的文本，生成动态规则。

3. 通讯层与服务层耦合的实现

生产换线系统的通讯层与服务层之间采用强耦合的方式进行聚合，即通讯层调用服务层的相关模块接口并传入相关参数，服务层模块返回计算结果到相应的接口。这种采用值返回的耦合方式，相比传统接口聚合的方式具有两个方面的优势：（1）安全控制方面。采用值返回方式，使最终用户没有权限更改生产换线决策专家系统，保证了专家系统网络应用的安全性；（2）接口使用方面。采用值返回方式，可以使得最终用户程序不必对服务层接口进行聚合，简化了接口使用，保证了网络应用调用的正确性。

4. 基于 Web 服务的换线决策专家系统的网络化应用

换线决策专家系统网络化应用的实现采用微软 ATL 技术进行构建。ATL Server 是一个用来创建 ISAPI DLL 的 C++模板库。ATL Server Web 服务使用类似于 COM 的语法来描述接口，可使一个对象同时作为 COM 对象和 Web 服务进行公开。ATL Server 通过 IIS 服务器，利用 VS.NET 平台自动生成 WSDL，并编译生成 ISAPI 扩展 DLL，同时通过 ISAPI 扩展 DLL 接收来自客户端的请求并将响应返回给客户端。

使用 ATL Server 生成 Web 服务的一般方法如下：

（1）使用以下语句定义 Web 服务的接口：

[soap_method]HRESULT Production_Changeover（ /*[in]*/ long p1， …， /*[out，retval]*/ long result）

其中，[soap_method]将此接口申明为 Web 接口，该语句是换线决策专家系统 Web 应用的一个接口实现。

（2）利用以下步骤请求处理程序。

①HTTP 请求进入 IIS；

②IIS 根据 URL 和扩展名将请求映射到适当的 ISAPI DLL；

③ISAPI DLL 将请求中指定的处理程序（处理程序在标记或查询参数中指定）映射到适当的应用程序 DLL；

④应用程序 DLL 再将此处理程序映射到 C++对象；

⑤C++对象对 SOAP 进行解/编码，调用换线决策专家系统 COM 中的接口方法，并自动生成描述服务的有效 WSDL 和 XML。自动生成的描述接口程序的 XML 如图 6.18 所示。

（3）使用 Sproxy 命令生成接口包装类 WSDL，并将其放入到 IIS

中，供最终用户使用。生成 WSDL 类对象的流程如下：

①开发服务请求者（客户端），绑定 WSDL 头文件；

②使用 WSDL 给定的名字空间生成 WSDL 头文件的类对象；

③使用此对象的 Production_changeover 方法访问专家系统的推理机和解释机制。


```
<?xml version="1.0" ?>
<!-- ATL Server generated Web Service Description -->
- <definitions xmlns:s="http://www.w3.org/2001/XMLSchema"
    xmlns:http="http://schemas.xmlsoap.org/wsdl/http/"
    xmlns:mime="http://schemas.xmlsoap.org/wsdl/mime/"
    xmlns:soap="http://schemas.xmlsoap.org/wsdl/soap/"
    xmlns:soapenc="http://schemas.xmlsoap.org/soap/encoding/"
    xmlns:s0="urn:AtlwebsrvexpertsysService" xmlns:wsdl="http://schemas.xmlsoap.org/wsdl/"
    xmlns:atls="http://tempuri.org/vc/atl/server/"
    targetNamespace="urn:AtlwebsrvexpertsysService"
    xmlns="http://schemas.xmlsoap.org/wsdl/">
  - <types>
    - <s:schema targetNamespace="urn:AtlwebsrvexpertsysService"
        attributeFormDefault="qualified" elementFormDefault="qualified">
        <s:import namespace="http://schemas.xmlsoap.org/soap/encoding/" />
      </s:schema>
    </types>
  - <message name="Production_ScheduleIn">
      <part name="p1" type="s:int" />
      <part name="p2" type="s:int" />
      <part name="p3" type="s:int" />
      <part name="p4" type="s:int" />
      <part name="p5" type="s:int" />
      <part name="p6" type="s:int" />
      <part name="p7" type="s:int" />
      <part name="p8" type="s:int" />
      <part name="p9" type="s:int" />
      <part name="p10" type="s:int" />
      <part name="p11" type="s:int" />
      <part name="p12" type="s:int" />
```


图 6.18　自动生成的描述接口程序的 XML 语句

客户端使用流程如下：

①在图 6.19 所示的推理机计算界面输入生产状态矢量值，点击“确定”后，推理机返回计算结果；

②点击“下一步”进入 *CM* 规则提取界面，如图 6.20 所示。其中，动态规则区指的是对随机森林返回的结果预置文本后生成的解释机制，动态关系图指的是原始变量与降维变量之间的系数关系（机床状态根据实际情况使用**experiment 代替，order_urgency 由订单生成批量与固定的生产提前期的比值自动生成）。

Client

请输入生产信息

programme	1	decisonreson	1	xtexperiment	0
xtinventor	0	xtleft_time	0	xtleft_manufacturing	0
xtfailed_left_time	0	gtexperiment	0	gtinventory_status	0
gtleft_time	0	gtleft_manufacturing	0	gtfailed_left_time	0
k40experiment	0	k40inventory_status	0	k40left_time	0
k40left_manufacturing	0	k40failed_left_time	0	orderkind	1
orderamount	250				确定

推理机返回的结果

changespeed	ManufacturingTimeBeforeChanging	changingstrategy
1	0	8

下一步

图 6.19　推理机的计算界面

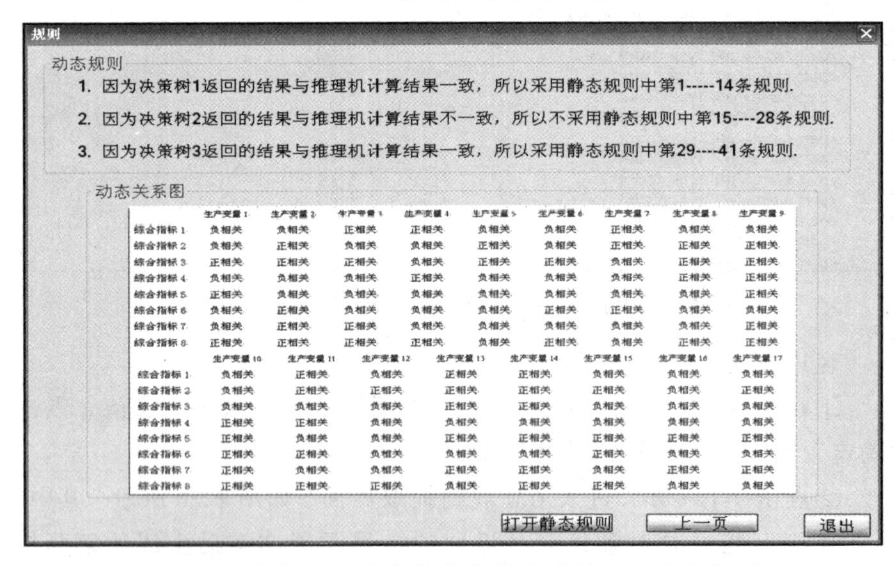
规则

动态规则

1. 因为决策树1返回的结果与推理机计算结果一致，所以采用静态规则中第1-----14条规则.
2. 因为决策树2返回的结果与推理机计算结果不一致，所以不采用静态规则中第15----28条规则.
3. 因为决策树3返回的结果与推理机计算结果一致，所以采用静态规则中第29----41条规则.

动态关系图

	生产变量 1	生产变量 2	生产变量 3	生产变量 4	生产变量 5	生产变量 6	生产变量 7	生产变量 8	生产变量 9
综合指标 1	负相关	负相关	正相关	正相关	负相关	负相关	正相关	负相关	负相关
综合指标 2	负相关	正相关	负相关	负相关	正相关	负相关	正相关	正相关	正相关
综合指标 3	正相关	正相关	正相关	负相关	正相关	正相关	负相关	正相关	正相关
综合指标 4	负相关	负相关	负相关	正相关	负相关	负相关	负相关	正相关	正相关
综合指标 5	正相关	负相关	负相关	负相关	负相关	负相关	负相关	负相关	正相关
综合指标 6	负相关	正相关	负相关	负相关	负相关	正相关	正相关	负相关	负相关
综合指标 7	负相关	正相关	正相关	负相关	负相关	负相关	负相关	负相关	正相关
综合指标 8	正相关	正相关	正相关	正相关	负相关	正相关	负相关	正相关	正相关

	生产变量 10	生产变量 11	生产变量 12	生产变量 13	生产变量 14	生产变量 15	生产变量 16	生产变量 17
综合指标 1	负相关	正相关	负相关	正相关	正相关	负相关	负相关	负相关
综合指标 2	负相关	正相关	正相关	正相关	正相关	正相关	负相关	正相关
综合指标 3	负相关	负相关	负相关	正相关	正相关	负相关	负相关	负相关
综合指标 4	正相关	正相关	负相关	负相关	负相关	负相关	负相关	负相关
综合指标 5	正相关	负相关	负相关	正相关	正相关	正相关	正相关	正相关
综合指标 6	正相关	正相关	负相关	负相关	负相关	正相关	负相关	负相关
综合指标 7	正相关	负相关	负相关	正相关	正相关	负相关	正相关	正相关
综合指标 8	正相关	正相关	正相关	负相关	正相关	正相关	负相关	负相关

打开静态规则　上一页　退出

图 6.20　根据某一生产状态矢量生成的 *CM* 动态规则

③在第②步打开的静态规则上点击打开新对话框，代表整个随机森林对 *CM* 生成的总规则（共有 42 条），如图 6.21 所示。

静态规则

rule1: 如果综合指标 4 小于 0.97,综合指标 5 小于 1.01，综合指标 10 小于 2.5，且综合指标 2 小于-2.89，则 CS=5；
rule2: 如果综合指标 4 小于 0.97,综合指标 5 小于 1.01，综合指标 10 小于 2.5，且综合指标 2 大于-2.89，则 CS=9；
rule3: 如果综合指标 4 小于 0.97,综合指标 5 小于 1.01，且综合指标 10 大于 2.5，则 CS=5；
rule4: 如果综合指标 4 小于 0.97,综合指标 5 大于 1.01，且综合指标 1 小于 0.99，则 CS=3；
rule5: 如果综合指标 4 小于 0.97,综合指标 5 大于 1.01，且综合指标 1 大小于 0.99，则 CS=1；
rule6: 如果综合指标 4 大于 0.97,综合指标 6 小于-0.25，且综合指标 1 小于 1.73，则 CS=9；
rule7: 如果综合指标 4 大于 0.97,综合指标 6 小于-0.25，且综合指标 1 大于 1.73，则 CS=3；
rule8: 如果综合指标 4 大于 0.97,综合指标 6 大于-0.25，综合指标 10 小于 1.5，且综合指标 2 小于-0.76，则 CS=3；
rule9: 如果综合指标 4 大于 0.97,综合指标 6 大于-0.25，综合指标 10 小于 1.5，综合指标 2 大于-0.76，且综合指标 2 小于-0.05，则 CS=2；
rule10: 如果综合指标 4 大于 0.97,综合指标 6 大于-0.25，综合指标 10 小于 1.5，综合指标 2 大于-0.76，且综合指标 2 大于-0.05，则 CS=1；
rule11: 如果综合指标 4 大于 0.97,综合指标 6 大于-0.25，综合指标 10 大于 1.5，综合指标 2 小于-0.06，且综合指标 10 小于 2.5，则 CS=4；
rule12: 如果综合指标 4 大于 0.97,综合指标 6 大于-0.25，综合指标 10 大于 1.5，综合指标 2 小于-0.06，且综合指标 10 大于 2.5，则 CS=2；
rule13: 如果综合指标 4 大于 0.97,综合指标 6 大于-0.25，综合指标 10 大于 1.5，综合指标 2 大于-0.06，且综合指标 1 小于 1.95，则 CS=5；
rule14: 如果综合指标 4 大于 0.97,综合指标 6 大于-0.25，综合指标 10 大于 1.5，综合指标 2 大于-0.06，且综合指标大小于 1.95，则 CS=4；
rule15: 如果综合指标 9 小于 2.5,综合指标 2 小于 0.79，综合指标 4 小于 1.34，综合指标 6 小于 1.26，且综合指标 2 小于-2.89，则 CS=5；
rule16: 如果综合指标 9 小于 2.5,综合指标 2 小于 0.79，综合指标 4 小于 1.34，综合指标 6 小于 1.26，且综合指标 2 大于-2.89，则 CS=9；
rule17: 如果综合指标 9 小于 2.5,综合指标 2 小于 0.79，综合指标 4 小于 1.34，且综合指标 6 大于 1.26，则 CS=5；
rule18: 如果综合指标 9 小于 2.5,综合指标 2 小于 0.79，综合指标 4 大于 1.34，且综合指标 10 小于 1.5，则 CS=8；
rule19: 如果综合指标 9 小于 2.5,综合指标 2 小于 0.79，综合指标 4 大于 1.34，且综合指标 10 大于 1.5，则 CS=4；
rule20: 如果综合指标 9 小于 2.5,综合指标 2 大于 0.79，且综合指标 3 小于 1.03，则 CS=4；

图 6.21 随机森林生成 *CM* 的静态规则

上面的案例给出了一个生产换线专家系统构建的具体方法。通过此方法构建出的生产换线专家系统具有高容错、支持分布、随机动态、多目标等功能。

6.3 本章小结

本章描述了生产单元换线决策专家系统的应用模式，分析了基于网络化应用模式的生产换线专家系统具备的作用，并给出了一个基于 Web 服务技术的应用模式的原型系统。最后，本章以某摩托车企业发动机生产线为例，详细描述了生产换线决策专家系统推理机的实现、解释机制的实现、程序封装以及网络化应用模式的完整实例。实例的结果证明，建立生产换线决策专家系统具备较高的可操作性以及可行性。

7　结论与展望

本书提出的人-机交互仿真的生产单元换线决策专家系统设计与应用，通过使用交互仿真平台构建仿真模型获取换线领域专家知识，进行换线领域知识收集，并对收集的换线知识进行遴选，得到不同专家在不同生产目标条件下最优的生产控制策略；利用最优控制样本构建了推理机与知识库，使用 COM 技术封装了上述模块，并基于 Web 服务技术提出了一种网络化应用的换线决策专家系统；最后以某摩托车企业发动机生产单元为例，给出了一个换线决策专家系统完整的设计方案。现将本书主要研究结论归纳如下：

（1）本书描述了交互仿真模型构建过程，并在交互仿真的知识获取中提出了生产稳定判定算法和专家决策遴选算法。

（2）本书提出了换线决策专家系统推理机的实现算法，通过在混合神经网络回归算法上融合 Fisher 分类器，对控制策略矢量中的多模式离散变量的进行分类。对于两模式的控制策略变量，本书使用分类神经网络进行分类。

（3）本节描述了生产换线专家决策系统解释机制的实现方法。首先提出了一种对神经网络进行规则抽取的 IER-Trepan 算法，然后，为 IER-Trepan 提取的动静态规则进行文本预置，实现解释机制。

（4）本书提出了一种双层级的封装专家系统的软件实现方案，并在此基础上实现了基于 Web 服务技术的网络化应用。

（5）本书以某摩托车发动机生产单元为例，开发了一个摩托车发动机生产单元换线决策专家系统的应用实例。应用结果表明，上述的方法体系是有效的、可行的。这为生产换线决策研究提供了一种新的思路。

当然，生产换线专家系统还存在着许多不足之处，因此希望今后的研究中，能从以下几个方面做进一步研究：

（1）支持全参数化定制的交互仿真模型。目前的交互仿真暂不支持参数定制化仿真，因此在构建决策点时，不太可能覆盖决策领域的全部实例空间。如果实现了全参数定制化交互仿真，可以很好地解决样本覆盖的知识空间问题。

（2）分步式仿真。目前采用的单机多人仿真，会存在地域性和时差性的限制。如果实现了分步式多人多机仿真，可以很好地解决模型使用者的地域性限制和模型的时差性限制带来的误差。

（3）使用预测性能更好的分类算法或回归算法。目前推理机采用的算法预测准确率不太高，下一步的研究将是提高预测性能。

（4）使用 IER-Trepan 算法生成的静态规则，还存在规则冲突的情况。在保证保真度的前提下，如何消解规则冲突问题，成为下一步研究重点。

（5）结合逆向物流的理念，针对摩托车发动机废弃产品中可拆卸部件的再制造环节，实现生产换线的智能化研究，将是未来需要深入研究的方向。

参考文献

[1] SCHLICK C,REUTH R,LUCZAK H. Comparative Simulation Study of Work Processes in Autonomous Production Cells. Human Factors in Manufacturing, 2002, 12(1): 31-54.

[2] 陈雪芳，张洁. 敏捷化智能制造单元及其关键技术[J]. 组合机床与自动化加工技术，2005，6：13-16.

[3] 孟飚，范玉青，林楠. 模块化精益生产组织改造评估与决策[J]. 计算机集成制造系统，2006，12（7）：1141-1145.

[4] 汤向东. 大规模定制模式下的组织柔性取向[J]. 企业改革与管理，2004，12：24-25.

[5] 董伯麟，王治森，王向阳. 人机协同车间数字化制造模式的研究[J]. 合肥工业大学学报，2008，31（9）：1403-1407.

[6] 宋豫川，苏传郦，李丹，等. 机械加工车间现场工具配送方法及实现[J]. 重庆大学学报，2010，33（5）：48-54.

[7] SHAHRUKH A, IRANI. Handbook of Cellular Manufacturing Systems[M]. New York:Wiley,2007.

[8] SALVENDY G. Handbook of Industrial Engineering[M]. 3rd ed. New York:Wiley,2001.

[9] 刘飞，但斌，张晓冬，等. 先进制造与管理[M]. 北京：高等教育出版社，2008.

[10] SHINGO S. A Revolution in Manufacturing:the SMEDsystem[M]. Productivity Press,1985.

[11] AGUSTIN R O, SANTIAGO F. Single minute exchange of die[C]// Proceedings of the 1996 7th Annual IEEE/SEMI Advanced Semiconductor Manufacturing Conference, ASMC 96, Cambridge, MA, USA, Nov 12-14 1996. United States:Institute of Electrical and Electronics Engineers, 1996: 214-217.

[12] http://en.wikipedia.org/wiki/Single_Minute_Exchange_of_Die.

[13] MCLNTOSH R, OWEN G, CULLEYS, et al. Changeover improvement: Reinterpreting Shingo's “SMED” methodology[J]. IEEE Transactions on Engineering Management, 2007, 54(1): 98-111.

[14] BLOCHER J D, CHAND S. A forward branch-and-search algorithm and forecast horizon results for the changeover scheduling problem[J]. European Journal of Operational Research91, 1996: 456-470.

[15] GICQUELL. HEGEM. MINOUXW. et al. A discrete time exact solution approach for a complex hybrid flow-shop scheduling problem with limited-wait constraints[J]. Computers & Operations Research, 2012, 39(3): 629-636.

[16] MEHMET C.Process improvement:performance analysis of the setup time reduction-SMED in the automobile industry[J]. Int J AdvManufTechnol, 2009, 41: 168-179.

[17] 施纪红. SMT 快速换线流程的分析与改善[J]. 科技传播，2011（10），157-161.

[18] 夏欣跃. 快速换线[J]. 工业工程与管理，2001，5：14-17.

[19] 施纪红. SMT 快速换线流程的分析与改善[J]. 应用技术，2011，10：157-161.

[20] 贾庆东，王剑，祝陶美，等. 高速铁路列控系统 CTC 子系统仿真换线技术研究[J]. 铁道通信信号，2011，47（9）：10-14.

[21] 杨燚，李慧. SMED 技术在 SMT 车间的应用[J]. 科技广场，2011，5：110-112.

[22] 王炳刚，饶运清，邵新宇，等. 基于多目标遗传算法的混流加工/装配系统排序问题研究[J]. 中国机械工程，2009，20（12）：1434-1438.

[23] 孙延丽. 基于精益思想对苏州大众电脑公司的运行机制研究[D]. 哈尔滨：哈尔滨理工大学，2008.

[24] 贾瑞玉，程慧霞，曹先彬. 混合型神经网络专家系统[J]. 安徽大学学报（自然科学版），1998，22（2）：60-61.

[25] JÓZEFOWSKA J, ZIMNIAK A. Optimization tool for short-term production planning and scheduling[J]. 2006(3):100-103.

[26] SOYUER H, KOCAMAZ M. Scheduling jobs through multiple

parallel channels using an expert system[J]. Production Planning and Control, 2007, 18(1): 35-43.

[27] ÖZBAYRAK M, BELL R. A knowledge-based decision support system for the management of parts and tools in FMS[J]. Decision Support Systems, 2003, 35(4): 487-515.

[28] LOONEY C G. Neural Networks as Expert systems[J]. Expert System Application, 1993, 6: 129-136.

[29] YEHYC, KUOYH, HSUD S. Building an Expert for Debugging FEM Input Data with Artificial Neural Networks[J]. Expert System Application, 1992, 5: 59-70

[30] DAVUTH, IBRAHIMT, YAKUPD. An expert system based on wavelet decomposition and neural network for modeling Chua's circuit[J]. Expert System Application, 2008, 34(4): 2278-2283.

[31] KOZO O,GUO B Y.Application of Neural Networks to an Expert for Cold Forging[J]. International Journal of Machine Tools and Manufacture, 1991, 31(4): 577-587.

[32] YOUNGO,TORG,GEORGE S. Integrating artificial neural networks with rule-based expert systems[J]. Decision Support Systems, 1994, 11(5): 497-507.

[33] 陈红伟，汪滨琦. 基于神经网络的专家系统可视化研究[J]. 电脑信息与技术，2001，6：1-11.

[34] 郭震. 基于神经网络的专家系统实现研究[J]. 红水河，2003，22（3）：62-65.

[35] 徐志强，潘紫微. 一种基于神经网络的专家系统构造方法[J]. 安徽工业大学学报，2001，18（2）：132-134.

[36] 李军，阮晓钢. 一种基于神经网络的专家系统设计[J]. 北京工业大学学报，2003，29（2）：171-174.

[37] 许占文，窦曦光，葛岳. 一种基于神经网络的专家系统的推理机研究[J]. 沈阳工业大学学报，1999，21（5）：432-434.

[38] 丁宁，王龙山，李国发，等. 磨削质量智能优化控制策略研究

[J]. 中国机械工程，2003，14（2）：1899-1903.
[39] 王雪青. 国际工程投标报价决策系统研究[D]. 天津：天津大学，2003.
[40] 齐永欣. 基于神经网络的专家系统工具[D]. 保定：河北农业大学，2002.
[41] 王兵，莫建军，王玉莹. 实时监控与发射决策专家系统推理机设计[J]. 系统仿真学报，2003，15（6）：820-822.
[42] 魏传锋，李运泽，王浚，等. 航天器热故障诊断专家系统推理机的设计[J]. 北京航空航天大学学报，2005，31（1）：60-62.
[43] 张绍兵，季厌浮，高志军. 基于神经网络专家系统的研究与实现[J]. 计算机工程与科学，2008，30（4）：156-158.
[44] 冯玉强，黄梯云，侯变兰. 专家系统与神经网络集成系统的设计[J]. 管理科学学报，1999，2（1）：79-85.
[45] 胡月明，薛月菊，李波，等. 从神经网络中抽取土地评价模糊规则[J]. 农业工程学报，2005，21（12）：93-97.
[46] 齐新战，刘丙杰. 神经网络规则抽取评估方法[J]. 计算机应用，2008，28，91-93.
[47] 陈秀琼. 一种融合粗集理论和神经网络的分类数据挖掘算法[J]. 三明学院学报，2005，22（2）：185-189.
[48] 张仲明，于明光，东伟. 基于聚类的神经网络规则抽取算法[J]. 吉林大学学报（信息科学版），2010，28（5）：506-512.
[49] 荣莉莉，王众托. 基于知识的阶层型神经网络结构及参数的一种确定方法[J]. 计算机研究与发展，2003，40（2）：169-176.
[50] 王文剑. 从预测模型中提取规则[J]. 计算机工程，2000，26（11）：56-57.
[51] 王晓晔，张继东，孙济洲. 一种高效的分类规则挖掘算法[J]. 计算机工程与应用，2006，33：174-176.
[52] 李仁璞，王正欧. 基于粗集理论和神经网络结合的数据挖掘新方法[J]. 情报学报，2002，21（6）：674-679.
[53] 王涛，孟庆春，殷波，等. 神经网络规则提取及其在特征带识别

中的应用[J]．数据采集与处理，2003，18：12-16.

[54] 任永昌，邢涛，于忠党，等．基于真值维持结构和关系数据库的解释机制研究[J]．微电子学与计算机，2009，26（6）：242-245.

[55] 李锋刚．基于优化型案例推理的智能决策技术研究[D]．合肥：合肥工业大学，2007.

[56] 曾志高，易胜秋．基于神经网络的数据库安全专家系统的实现[J]．通信技术，2009，2（42）：247-249.

[57] LAUGHERY K, LEBIERE C.Modelling Human Performance in Complex Systems[J]. Handbook of Human Factors and Ergonomics, 2006: 967-996.

[58] BAINES T, LADBROOK J. Using Empirical Evidence of Variations in Worker Performance to Extend the Capabilities ofDiscrete Event Simulations[J]. Proceedings of the 2003 Winter Simulation Conference, 2003: 1210-216.

[59] ZEE V D. Modelling decision making and control in manufacturing simulation[J]. International Journal of Production Economics, 2004(2): 104-110.

[60] PAZ N M,LEIGH W, ROGERS R V. The Development of Knowledge for Maintenance Management Using Simulation[J]. IEEE Transactions on Systems, Man, and Cybernetics, 1994,24(4):574-593.

[61] ROBINSON S, EDWARDS J. Modelling and Improving Human Decision Making with Simulation[C] //WSC Arlingdon, 2001, Association for Computing Machinery, 2001: 913-920.

[62] ROBINSON S, LEE E, EDWARDS J. Improving the Use of Visual Interactive Simulation as a Knowledge Elicitation Tool[J]. World Review of Entrepreneurship, Management and Sustainable Development, 2007, 3(3/4): 260-272.

[63] ROBINSON S, ALIFANTIS A, HURRION RD, et al.Modelling and Improving Maintenance Decisions:Having Foresight with

Simulation and Artificial Intelligence[J]. SAE 2002 Transactions Journal of Materials & Manufacturing, 2003: 256-264.

[64] EDWARDS JS,ALIFANTIS A, HURRION RD, et al. Using a Simulation Model for Knowledge Elicitation and Knowledge Management[J]. Simulation Modelling Practice and Theory, 2004,12 (7-8):527-540.

[65] ROBINSONS,ALIFANTIS T, EDWARDSJS, et al. Knowledge Based Improvement:Simulation and Artificial Intelligence for Identifying and Improving Human Decision-Making in an Operations System[J]. Journal of the Operational Research Society, 2005, 56 (8): 912-921.

[66] STEWART R, ERNIE P K, JOHN S E. Simulation based knowledge elicitation:Effect of visual representation and model parameters[J]. Expert Systems with Applications, 2012, 39: 8479-8489

[67] PAUL K, PETER C B. Simulation modelling: A comparison of visual interactive and traditional approaches[J]. European Journal of operational Research, 1989, 39(2): 138-149.

[68] 任光，孙巧梅，齐小伟．交互学习神经网络模型及其仿真研究[J]．系统仿真学报，2009，21（17）：5314-5317.

[69] 周洪玉，周岩，张世雄．临境环境下专家系统推理可视化与人机交互技术[J]．哈尔滨理工大学学报，2000，5（2）：1-3.

[70] 王君，樊治平．一种基于组件技术的专家系统构建框架[J]．东北大学学报（自然科学版），2003，24（5）：503-506.

[71] 李建涛，徐晓刚，郑胜国，等．基于灰色关联分析的专家系统知识获取方法[J]．四川兵工学报，2010，31（3）：112-114.

[72] 杨志凌，董兴辉，李成榕．复杂电力设备多学科协同/虚拟仿真的关键技术[J]．现代电力，2009，26（1）：63-67.

[73] 黄杰，薛禹胜，文福拴，等．电力市场仿真平台的评述[J]．电力系统自动化，2011，35（9）：6-13.

[74] 张美玉，侯向辉．一种融合专家和数据的综合知识建模框架

[J]. 浙江工业大学学报，2007，35（4）：441-443.

[75] 邹光明，孔建益，王兴东，等. 基于粗糙集的产品概念设计知识发现[J]. 机械设计，2011，28（6）：1-4.

[76] 陶贵明，张锡恩，曾兴志. 电路仿真与故障知识获取研究[J]. 系统工程与电子技术，2006，28（12）：1945-1947.

[77] 陶贵明，张锡恩. 基于运动仿真的故障知识获取研究[J]. 微计算机信息，2006，22（3）：215-217.

[78] 陶贵明，马立元. 基于运动仿真的导弹发射车故障知识获取研究[J]. 战术导弹技术，2007，5：89-92.

[79] 黄考利，连光耀，杨叶舟，等. 装备故障诊断专家系统知识获取方法[J]. 计算机工程，2004，30（23）：163-183.

[80] 付燕，杨阳. 基于粗糙集的瓦斯预测专家系统知识获取[J]. 煤矿安全，2009，2：22-24.

[81] 宣建强，李清东，江加和，等. 基于测试事件图的故障诊断系统知识获取技术[J]. 上海交通大学学报，2011，45（2）：179-183.

[82] 周宽久，仇鹏，王磊. 基于实践论的隐性知识获取模型研究[J]. 管理学报，2009，6（3）：309-314.

[83] 王丽伟，展巍，张伟. 基于半自动化知识获取的操作票专家系统的研究与实现[J]. 信息化纵横，2009，6：15-17.

[84] 郭庆琳，祖向荣. 基于神经网络与遗传算法的汽轮机组数据挖掘方法[J]. 电力自动化设备，2008，28（3）：41-45.

[85] 张伟，马靓，傅焕章，等. 基于运动跟踪和交互仿真的工作设计[J]. 系统仿真学报，2010，22（4）：1047-1050.

[86] 何祖威，唐胜利，杨晨，等. 基于模型和知识库的交互式自学习仿真培训系统[J]. 系统仿真学报，2001，13（1）：47-77.

[87] 黄建新，李群，余文广，等. 基于线程的进程交互仿真框架研究[J]. 系统仿真学报，2011，23（4）：652-658.

[88] 马富银，吴伟蔚. 交互仿真技术[J]. 机械设计与研究，2010，26（6）：75-77.

[89] 张仁忠，韩雷，倪长顺，等. 分布交互仿真研究[J]. 哈尔滨工

程大学学报，1999，20（2）：34-40.
[90] 赵晨光，张多林，李为民. 分布式交互仿真与高层体系结构[J]. 空军工程大学学报（自然科学版），2003，4（4）：56-59.
[91] 张晓冬，杨育，易树平，等. 制造系统人因仿真参考模型及若干关键技术研究[J]. 机械工程学报，2006，42（3）：56-64 .
[92] 张晓冬，杨育，郭波. 以人为中心的生产单元人因失误对比仿真实例研究[J]. 计算机集成制造系统，2006，12（5）：672-681.
[93] 路甬祥. 坚持科学发展，推进制造业的历史性跨越[J]. 机械工程学报，2007，43（11）：1-6.
[94] 武波，马玉祥. 专家系统[M]. 北京：北京理工大学出版社，2001.
[95] 冯定. 神经网络专家系统[M]. 北京：科学出版社，2006.
[96] 姜世平. 基于人工神经网络的机械设计过程专家系统知识库的设计与实现[J]. 中国机械工程，2002，13（12）：1034-1037.
[97] 蹇崇军，洪欣. 基于 Web 服务的 FMS 远程故障诊断系统研究[J]. 机械设计与制造，2011，（12）：258-260.
[98] 申利民，吕福军，李峰. 面向企业信息系统集成的 Web 服务推荐模型[J]. 计算机集成制造系统，2011，17（1）：186-190.
[99] 宇传华. ROC 分析方法及其在医学研究中的应用[D]. 西安：第四军医大学预防医学系，2000.
[100] 宋花玲. ROC 曲线的评价研究和应用[D]. 上海：第二军医大学，2006.
[101] 刘飞，张晓冬，杨丹. 制造系统工程[M]. 北京：国防工业出版社，2006.
[102] 韦卫星. 一种基于神经网络的知识获取方法研究与应用[J]. 计算机工程与应用，2004，5：95-98.
[103] 田雨波. 混合神经网络技术[M]. 北京：科学出版社，2009.
[104] 肖胜中. 小波神经网络理论与应用[M]. 沈阳：东北大学出版社，2006.
[105] 闻新，宋屹，周露. 模糊系统和神经网络的融合技术[J]. 系统工程与电子技术，1999，21（5）：55-58.

[106] 李敏强，徐博艺，寇纪松. 遗传算法与神经网络的结合[J]. 系统工程理论与实践，1999，2：65-69.

[107] 杨虎，刘琼荪，钟波. 数理统计[M]. 北京：高等教育出版社，2004.

[108] 胡月. 基于主成分分析和独立成分分析的人脸识别研究[D]. 长春：吉林大学，2010.

[109] 邓登. 区间型符号数据主成分分析和聚类分析的有效性评价[D]. 天津：天津大学，2010.

[110] 何志国. PAC 学习模型研究[J]. 微机发展. 2004，8：45-48.

[111] 庄进发，罗键，彭彦卿. 基于改进随机森林的故障诊断方法研究[J]. 计算机集成制造系统. 2009，4：67-72.

[112] 王丽婷，丁晓青，方驰. 基于随机森林的人脸关键点精确定位方法[J]. 清华大学学报（自然科学版）. 2009（4）：89-92.

[113] 朱昌平，邓靖璇，顾慧，等. 基于 RFID 技术的电池追踪与回收系统设计与实践[J]. 实验技术与管理，2010，27（12）：61-65.

[114] 曲仁秀，王志国. 基于 RFID 技术的离散制造过程其量指标监控研究[J]. 广西大学学报，2011，36（2）：63-268.

[115] 景熠，王旭，李文川. 基于 RFID 的变速器装配线质量追溯系统研究[J]. 现代科学仪器，2011，（5）：63-67.

[116] 郑林江，刘卫宁，孙棣华. 制造系统 RFID 应用可靠性评价及数据处理模型[J]. 中国机械工程，2010，21（11）：1325-1330